见 识

高文斐　著

吉林文史出版社
JILINWENSHICHUBANSHE

图书在版编目（CIP）数据

见识 / 高文斐著 . —长春：吉林文史出版社，2019.7

ISBN 978-7-5472-6457-7

Ⅰ . ①见… Ⅱ . ①高… Ⅲ . ①人生哲学－通俗读物 Ⅳ . ① B821-49

中国版本图书馆 CIP 数据核字（2019）第 161383 号

见 识

著　　者	高文斐	
责任编辑	陈春燕	
封面设计	韩立强	
出版发行	吉林文史出版社有限责任公司	
地　　址	长春市福祉大路出版集团A座	
印　　刷	北京德富泰印务有限公司	
版　　次	2019 年 7 月第 1 版　2019 年 7 月第 1 次印刷	
开　　本	880mm×1230mm　1 / 32	
字　　数	120 千字	
印　　张	6	
书　　号	ISBN 978-7-5472-6457-7	
定　　价	38.00 元	

前　言

这世界光怪陆离，你用什么姿态与世界对视？

这世界的残酷时时处处，你怎样才能脱颖而出？

说到底，是我们要做一个怎样的自己。有的人只是走一步看一步，有的人则是让自己变得有见识。

一个人的见识，决定了他未来的样子。一个人能够走多远，要看他有多少见识。每个人都希望改变现状，让自己活得有滋有味、风风光光，但很多人缺乏改变的意识和思路。

多数人习惯于垂直思考、因果思维，这种千万年进化而来的大脑快捷模式，在给我们带来思考便利的同时，却容易将我们的见识死死限制住。要避免这种大脑漏洞的出现，你需要时时提醒自己变换角度来看问题。

斯坦福大学心理学专家卡罗尔·德韦克提出了"成长型心智"和"固定型心智"的理论，他将心智模式比喻为一种无形的眼镜，你觉察不到它的存在，但它却决定了你所看到的世界的样子。根据这个理论，如果说心智模式代表眼镜类型，那么一个人的见识就代表他所佩戴眼镜的度数——同样是望远镜，徕卡和哈勃看到的景象可是天差地别的。

也许我们看不到未来，但我们需要把自己的思考延展到未来。

当绝大多数人还迷茫于"我在什么地方、有什么特长、应该做些什么"的层面时，有的人已经将眼光放到了更远的未来，将人生规划放到了城市演化、产业驱动的大时代背景中，最优决策一目了然。

成功者与平庸者最大的区别就在于，有没有与众不同的见识。其他外界因素和个人因素相比，个人成就首先取决于见识。

这是一本全新正能量的书，笔者以犀利真诚的文字，鲜明睿智的方式，为大家提供了一个与众不同的、值得深思的看世界、看问题的视角。本书篇篇有毒，句句扎心。它并非心灵鸡汤，不负责对你倍加呵护，它更像当头一棒，隔空打醒每一位读者！只愿你把握好眼前的每一个当下，趁着自己还年轻，去见识更多的风景，创造出人生更多的可能。

目 / 录

辑一 设计：如何清晰预见成功的轨迹

所谓运气，不过是设计后的残余物质 / 002

走一步看一步，早晚要迷路 / 006

畅想一下人生的多种可能性 / 010

让梦想给自己一个奋斗的方向 / 013

合理规划，让成功事半功倍 / 017

打算要长远，定位要长期，成功要长久 / 021

热门和冷门，别看现在，看将来 / 025

再糟糕的开局，也可能有完美结果 / 028

辑二 格局：走出自身局限，推高你的人生起点

你平庸至此，是因为你眼光的局限 / 032

"野心"一定要有，否则和"咸鱼"有什么区别 / 036

相信自己，你想要的时间终会给你 / 040

不图名，不为利，只为把事做好 / 044

给心灵一次自我提升的机会 / 048

已知的是平庸，未知的是卓越 / 051

不想做职场弃子，你要做到不可替代 / 055

今日居安思危，明日临危不乱 / 059

奋斗，但别以钱的名义 / 063

辑三　眼光：去见别人所未见，行别人所未行

异常走向，往往正是正确的方向 / 068

好点子在常规外，成功在别人看不到的地方 / 071

永远不要给自己的未来设限 / 074

用变化的眼光看问题 / 077

分析偶然性，让成功成为必然 / 082

学会"共赢"，才是真正的赢家 / 086

辑四　思维：拆除头脑禁锢，升级你的"人生操作系统"

将"经验"误以为是"真理"，十分危险！ / 092

在多变的世界里，做一个"善变"的思考者 / 095

换位想想，为何你的努力别人不买账 / 100

相信自己的判断，大胆地做出反常行为 / 105

拒绝经验的封印，不要总在原地打转 / 110

与其静观后效，不如主动经营 / 114

不随大流，走不寻常的路 / 117

勇于创新的人，往往最先看到奇迹 / 120

辑五　决断：你现在如何选择，未来便会如何发生

活在别人的安排中，苦乐自知 / 126

计划不周全的尝试，好过未开始的筹谋 / 130

未来自己规划，不要看别人的脸色 / 134

与其大声争辩，不如视而不见 / 137

不敢做出决断，是因为你充满恐惧 / 141

决断之前，看准大势之趋 / 145

你的人生，不要交给别人操盘 / 149

不要总是顾虑，"如果错了怎么办" / 152

辑六　关系：你是谁并不重要，重要的是你和谁在一起

拓展人脉，带你走跨越式成功路 / 156

你的朋友，也可分个三六九等 / 160

忽视枢纽，你的朋友圈还有什么用 / 163

近朱者赤，与优秀的人并肩前行 / 167

空间的假日，正是"织网"的好时节 / 172

打破固定的圈子，不断往高处走 / 175

火眼金睛，识别正负能量 / 179

辑一

设计：如何清晰预见成功的轨迹

什么是美好的人生？

美好的人生不止于找到热爱的工作，还要建立起你热爱的生活。

我们期盼梦想，但缺乏设计。我们认识的那个世界变得很快。我们需要设计新的方法，用新的方法建立持久不衰的美好人生。

所谓运气，
不过是设计后的残余物质

运气是什么？在有些人看来，运气和成功是划等号的，他们的逻辑是：因为运气好，所以获得了成功。于是，他们在羡慕他人好运和成功的同时，也期盼自己能有那样的好运，能够轻松地就获得梦寐以求的成功。一旦没有等到自己想要的成功，他们便会抱怨上天不公平，埋怨自己没有得到命运女神的眷顾。

可事实真的如他们想的那样吗？他人的成功仅仅是因为好运，他们自己不成功仅仅是因为幸运没有光临吗？

如果真的这样想的话，恐怕只能一事无成了。某些人的成功，或许真有运气的成分，可成功和好运绝对不能画等号，任何人的成功都不可能是因为好运气。成功需要你去规划自己的努力方向，好运也需要你去设计自己的努力步骤。若是从来不规划、不设计、不行动，那么就算有再好的运气，恐怕也无法抓得住。

张威是一个普通的年轻乡村医生，由于故乡发展不太好，没有太多的发展机会，不甘平庸的他便想带着妻子到一个新的地方，希望能闯出一些名堂。张威想，自己在大学期间专业知识一直学得都很好，并且在家乡从医这几年，也算是小有名气，等到了大地方，肯定也能发挥自己的才能，做出更好的成绩。

想到就做到，于是张威和妻子来到一个大城市，开始了自己的漂泊生涯。可出人头地岂是一件容易的事情？在城市中，到处都是张威这样普通且想要成功的人，所有人都期盼好的机会能降临到自己身上，都希望能找到合适的工作。

经过好几个月的努力，张威依旧没有找到合适的工作。到大医院找工作吧，虽然他有经验、有学历，可他没有人脉资源，没有一个医院肯接受他。其实想想也不奇怪，现在人才市场竞争激烈，就连本地的高才生都很难找到理想工作，又何况张威呢？自己开小诊所吧，资金方面也存在很大问题，而且张威是外地人，病人怎么能轻易地信任他，找他来看病呢？

眼看着从家里带来的钱快要花光了，面对眼前的困境，妻子说："我们不如回家吧，反正这里也没有好的机会。要是这样再等下去，恐怕只能被饿死。"可张威却说："难道我们就这样灰溜溜地回去吗？你甘心吗？为什么不尝试着再寻找新的出路呢？"

在这之后，张威和妻子决定到城市附近的乡镇走走，熟悉一下当地的风土人情。张威和妻子发现，附近的这些乡镇发展得都非常好，比自己的家乡好上好几倍。妻子突然说："你可以从乡村医生做起，或许这是一条不错的出路。"

张威觉得妻子说得很有道理，便开始一个乡镇一个乡镇地跑医院。每到一个乡镇医院，张威都会询问："你们这里需要医生吗？"当然，很多医院听张威是外地人口音便直接拒绝了，有时候问得多了，人家还会用怪异的眼光看着张威。可是张威和妻子没有轻易放弃，因为他们知道，若是想要实现自己的目标，就必须坚持自己的想法。

见 识

一天，张威夫妻来到一个乡镇，看到一群医护人员正在为人们义诊。张威夫妻上前了解情况，原来这是一个公益性组织，很多医生都是无偿服务的，也有刚刚毕业的大学生，这些志愿者们会在附近所有的乡镇进行轮流义诊，深受当地人的欢迎。

张威的心里一下子有了新的计划，他找到负责人说："我做了很多年医生，是否能够加入你们的组织？"负责人说："那真是太好了，我们正好缺少有经验的医生！不过，有一点必须说明，我们都是无偿服务的，没有薪资和福利。正因为如此，很多有经验的医生都不愿意加入我们。你能接受吗？"

张威有些犹豫了，因为没有薪资的话，自己恐怕很难维持基本的生活，更别提做出成绩了。可这恐怕也是自己唯一能留下来的机会，难道就这么放弃吗？或许通过这次机会，自己能在这里获得更好的发展呢？

正当他犹豫不决时，负责人说："不过你也不用担心生计问题，我们可以提供基本的住宿和伙食费，你可以考虑一下。"

既然吃住有了着落，张威顿时就放心了，他觉得自己的这个计划一定能成。就这样，他跟随这个医疗组织跑遍了附近的所有乡镇，为乡民们进行义诊。两年的时间过去了，由于张威经验丰富、医术好，成为组织里的骨干和权威，也受到了乡民们的尊重和喜欢。后来，张威被负责人提拔为组织的管理层，一边负责义诊，一边负责组织的管理工作。再后来，经过媒体的报道和宣传，张威成为这里颇有名气的医生，从而受到很多医院的青睐，而之前一些拒绝过他的医院也都向他发出了邀请。

最终张威选择了一家口碑不错的医院，经过几年的努力，终于实现了自己的目标，闯出了一番天地，做出了自己满意的成绩。当然，他并没有放弃做公益，每当休班和假期的时候，张威都会回到那个公益组织，继续为乡民们进行义诊。同时，他还号召一些年轻的医生加入公益组织中来，多贡献自己的力量。

如果我们不知道张威的经历，一定会觉得他的运气非常好——一个外乡人，在当地高才生都无法进入这家医院的情况下，竟然能够获得如此好的机会，得到炙手可热的职位。可实际上，张威的好运不是凭空而来的，更不是白白等来的。在这个过程中，张威积极主动地寻找机会，并且想到了借助义诊队伍来提升和宣传自己的好办法，最终取得了预期的效果，获得了人人羡慕的成功。

所以，任何人的成功都不是仅仅凭借好运，机会也从来不是一位不速之客，突然某天就来敲响你的门。假如你不去寻找它，不去为自己的梦想制订计划，那么或许这辈子都别想让好运降临。

不要把成功和好运画等号，想要成功，我们就必须付出努力，用自己的设计和双手来争取和创造机会。当你真的付出努力之后，好运就会降临，引领你最终走向成功！

走一步看一步，
早晚要迷路

这一天，某监狱里来了三个新的囚犯，他们的关押期限是三年。

监狱长是一个好人，他看到新来的这三个囚犯都年纪轻轻，有些同情他们，便说："你们三个有什么愿望吗？我可以满足你们一人一个愿望。"

先开口的是一个美国人，他是一个抢劫犯，他说："给我1万美元，有钱就是万能的。"

监狱长爽快地答应了，让人拿来了1万美元，递给了这位美国人。

第二个犯人是一个俄罗斯人，他说："没有酒我一天也活不下去，监狱长，我希望你可以给我20箱伏特加。"

监狱长想了想也同意了，给俄罗斯人搬来了20箱伏特加。

最后一个犯人是犹太人，他说："监狱长，如果你可以给我一部能随时与外界联系的电话，我将非常高兴。"

监狱长很想满足犹太犯人的这个愿望，但是他想到在监狱里私自和外界联系是会被加刑的，于是他为难地说："这个不行，你要其他的吧。"

犹太人摇摇头："监狱长，我就想要一部电话，其他的我什么都不要。"

最后，监狱长答应偷偷地帮助他。

三年后，这三个囚犯刑满释放。

美国人因为在监狱里常常和人赌博，他的钱花光了，还常常遭人毒打，满身是伤；俄罗斯人喝酒过多，得了肝硬化，被医生抬着出来了；犹太人则是面带微笑，看起来轻轻松松的样子。

犹太人走到监狱长面前说："谢谢你当初对我的帮助，是你让我在监狱里的这段时间依然能够很好地处理外面的事业。为了感谢你，现在我想满足你的一个心愿。"

监狱长笑笑说："我不需要你的感谢，不过我倒是有一个愿望，那就是你以后好好做人，别再来这种地方了。"

"谢谢，如果你不嫌弃的话，那请你接受我送你的劳斯莱斯吧。"犹太人一边说，一边朝监狱门口扬了扬手。

监狱长回过头去，看到一辆非常高贵的劳斯莱斯停在监狱门口，他顿时惊呆了。

1万美元、几箱伏特加是美国人和俄罗斯人的目标，但是当他们轻而易举就得到时他们已经迷失了自己；而犹太人的一部电话虽然看似什么价值都没有，但是他却用电话一直打理着外面的事业。这个故事告诉我们，如果你的眼光只局限于"走一步看一步"的境界，那只能让自己被暂时的满足而蒙蔽。只有把眼光放长远，才会取得更大的利益。

常言道："台上一分钟，台下十年功。"只有积累了满满的实力，才会取得更大的利益。一夜出名的明星不在少数，可是结果怎么样呢？他们终究没有真实的实力，总有一天会被淘汰。日子是一天一天过的，那些"一口吃个胖子"的事是绝对不靠谱的。别让一时的利益蒙住了双眼，细水长流才会收获更多的成功。

张婷一开始只是湖南益阳一个小镇上的茶摊儿摊主，当时的同行和茶客经常跟她聊起家乡一些大茶商的发家之路，有不少同行整日里都在憧憬自己飞黄腾达的样子，甚至烧香拜佛，祈求好运。

而张婷则从不聊这些不着边际的东西，她只知道，只有茶摊儿的生意好了，自己才有可能打算下一步的发展。她特意采购了比别家大一号的茶杯，而且从来都是笑脸相迎顾客，因此她的茶从来都是卖得最快的。

虽然嘴上不说，但是张婷心里非常清楚自己的目标是什么。三年后，她把卖茶的摊点搬到了益阳市；又过了三年，她的茶卖到了省城长沙市，摊点也变成了小店面。当年那些曾经在她面前吹牛的同行，却依然在小镇上看着茶摊儿，做着飞黄腾达的美梦。

虽然已经发展得很好了，但张婷心里还有新的目标和打算，她默默地朝着自己的理想努力着。为了提高客流量，凡是进店的客人，她必定送上免费品尝的茶水，好口碑让她的茶店生意越来越红火。

七年后，张婷坐在自己新加坡的连锁店里，平静而自信地向记者说道："在本来习惯于喝咖啡的国度里，也有洋溢着茶叶清香的茶庄出现，那就是我开的。"

从湖南家乡的小镇，到新加坡的街头，用她自己的话说："我的成功没有秘诀，只有坚持内心的目标，从小到大，一步一步做起来。"

梦想和成功往往是对未来的一种憧憬，是我们脑海中对于将来的一种美好描绘。但这并不意味着梦想就是空中楼阁，是一幅遥远的图像。真正有梦想，并且致力于把梦想变为现实的人，都会在心中清晰地规划实现梦想的每一个步骤，因此对于梦想图像中的每一处细节他们都了然于心。这也正是好高骛远之人与脚踏实地之人的本质区别。

很显然，那些最终实现梦想的人都是拥有长远目光的人。有了长远的目光，才能够清楚地看到自己梦想的细节，所以对于梦想的模样和实现梦想的具体步骤，他们一开始就有着详细的了解和认真的规划。实现梦想之路的每一步，他们都看得清清楚楚，在他们眼里，每一步都是一个具体的奋斗目标，他们的前行之路也正因为牢牢盯着这些目标而具有明确的方向性。

古时候，铁匠在铸剑的时候会反复锤打烧红的铁块，经过锤炼的次数越多，最后打成的剑弹性就越好，越锋利结实，最后才可以成为一把绝世宝剑。很多人都喜欢吃手擀面的原因是因为它的筋道，面块在擀面杖的作用下经过反复碾压，最后被压成极薄的面饼，然后叠在一起一刀一刀切成小条，只有经过这个过程的手擀面才具有它独特的味道。

人生也是一样，没有一夜成名、一夜暴富，成功之路非常漫长。那些缺乏长远眼光，只会"走一步看一步"的人，他们多在追求眼前的利益，他们可能会在短期内达到自己的目标，做出一些成绩，但就长远来看，这些人太过于看重于"眼前"，目光短浅终难成就大事，是难以获得真正的成功的。

畅想一下人生的多种可能性

想象力通常被称为灵魂的创造力，它是每一个人最宝贵的才智，是属于自己宝贵的财富。那么，究竟什么是想象力呢？从文字意义上来理解，"想象"这个词，就是在我们脑子里能看到的一些图像。这种"图像"并非是完全按照事或物真实的面目来表现的，而是完全按照你自己脑海里预设的情景来表现的。通俗地来说，这些想象属于做"白日梦"。

但是对于人生而言，我们不妨多让自己去做一些"白日梦"，去畅想一下自己人生的多种可能性。这样的想象对于我们有益无害，因为在潜意识里，我们都认为自己脑子里预想的情景是百分之百正确的。当你的意识接受了你的想象，那么在实际生活中，它就会在潜移默化中释放出自己的力量，影响你的行为，使你在不知不觉中靠近想象中的自我。

事实上，我们也都会有这样的体会——每个人的孩童时代都曾经拥有关于未来的梦想，如"想当飞行员""想做职业篮球运动员""想当科学家""想当演员""想到月亮上去看看""想发明能治百病的药"等。尽管许多梦想不切实际，但想到它时，我们的心里就会有喜不自禁的感觉。拥有梦想或者希望，并且能够想象到实现梦想的情景，我们的心态就会变得积极，努力拼搏的动力也会更足。

如果说梦想是人生的翅膀，那么一个人对未来的想象力就决定了这对翅膀的形状和大小；如果一个人通过"自我想象"来引导自己，认为自己没有能力走向成功，那么无论实际状况如何，这个人内心那只飞翔的鸟都会慢慢地失去向上的动力，而这种情况也会反映到这个人的行为上，导致他渐渐失去对梦想的期待和想象。

相反，如果你的想象告诉你，你是有能力成功的。那么你内心那只渴望成功的鸟一定会拥有更加强壮的翅膀和挑战更高天空的勇气，这种勇气也会反映到你的行为上，让你充满信心，走向成功。

从这个角度而言，"心想事成"这个词是有一定的含义和哲理的。一个人如果能够畅想出自己人生的各种可能性，就必然会获得坚定的目标和不屈不挠的决心，其力量之大就如排山倒海，势不可挡。这种对于梦想的憧憬会把行动目标和决心转化为更加具体化的目标，做到了这一点，你就能成为你所想象的那个人。换句话说就是：心有多大，世界就有多大。

假如你对未来的人生有一个大大的梦想，只要你充分发挥自己的想象去构思这个梦想，就会一步步看到效果。当你确信自己对梦想的想象完全正确的时候，潜意识里的力量就会开始引导你走向成功。

人是不断追求的动物，出于本能，我们都希望今天比昨天、明天又比今天会更好，哪怕只是一点点。即使没有多么伟大的梦想，大多数人也都会有一个小小的愿望。甚至可以说我们活着的目的就是为了去实现愿望，不断进步。例如，穷人想摆脱困境，生活得更好，渴望有富人那样一掷千金的气概；而富人则想成为全球顶尖的巨富，或者能攀上政坛的高峰……一个人的想象力往往决定了他成功的概率，他的想象力越丰富，他成功的概率就会越大。

见 识

人们总是认为，衡量一个人智商水平的高低，要看他能否解决复杂的问题，能否在分析、推理或计算等方面达到一定的水平，能否迅速地解答出抽象的数学方程式等。其实，除了这种逻辑思维之外，你如果要主宰自己，就还需要培养另一种崭新的思维方式——对梦想和成功的想象力。

因此，我们不妨大胆放飞自己的想象力。很多时候，给自己的梦想一个唯美的想象，就等于给自己插上了一双飞向梦想的翅膀，它最终会带着我们，把梦想变为现实。

让梦想给自己一个奋斗的方向

一百多年前，法国有一位名叫希瓦勒的乡村邮递员，他每天徒步奔走在各个村庄之间。有一天，他在崎岖的山路上被一块儿石头绊倒了。他惊奇地发现，绊倒他的那块石头的样子十分奇特。他拾起那块石头，左看右看，有些爱不释手了。于是，他把那块石头放进自己的邮包里。人们看到他的邮包里除了信之外，还有一块儿沉重的石头，感到很奇怪，便好意地对他说："把它扔了吧，你还要走那么多路，这可是一个不小的负担。"

他取出那块石头，炫耀地说："你们看，有谁见过这样美丽的石头？"

人们都笑了："这样的石头山上到处都是，够你捡一辈子。"

回到家里，他突然产生了一个念头，如果用这些美丽的石头建造一座城堡，那将是多么美丽啊！从此以后，白天他是一个邮差和一个运输石头的苦力，晚上他又是一个建筑师，他按照自己天马行空的想象来构造自己的城堡。

二十多年以后，在他偏僻的住处出现了许多错落有致的城堡，有清真寺式的、有印度神教式的、有基督教式的……当地人都知道有这样一个性格偏执、沉默不语的邮差，在做一些如同小孩建筑沙堡的游戏。

　　1905年，法国一家报社的记者偶然发现了这群城堡，这里的风景和城堡的建筑格局令他慨叹不已，为此他写了一篇介绍希瓦勒的文章。文章刊出后，希瓦勒迅速成为新闻人物。许多人都慕名前来参观，连当时最有声望的大师级人物毕加索也专程参观了他的建筑。

　　现在，这个城堡已经成为法国最著名的风景旅游点，它的名字就叫作"邮递员希瓦勒之理想宫"。在城堡的石块上，希瓦勒当年刻下的一些话还清晰可见，有一句就刻在入口处的一块儿石头上："我想知道一块儿有了梦想的石头能走多远。"

　　有句话是这么说的：心在哪里，路就在哪里。有了梦想，才有做人的气魄和胆略，才有成功的决心和毅力。没有梦想，一切的人生规划都无从谈起，就算一生奔波，在成功者的眼里，你也只不过是一只可笑的四处乱撞的没头苍蝇罢了。

　　就像前边的那个故事，当一块儿石头有了愿望，它就不再是静卧在泥土之中的一块儿石头，而是梦想的一部分。只要我们能够用热情去对待我们的梦想，那么再普通的石头也会成为壮丽的景色。如果让生命中的每一样东西都拥有愿望，我们的人生将会充满绚丽的色彩。

　　有一份来自世界著名大学——美国耶鲁大学的跟踪调查报告：

　　研究人员任意选定一个班的学生作为调查对象，并向全体学生提出了一个简单的问题："你们对未来有具体的理想和规划吗？"有的学生很干脆，马上说出了自己将来打算干什么；有的学生很茫然，因为他们平时就很少想自己将来会干什么；有的学生则很犹豫，他们似乎有理想，但又说不出来是什么。

　　经过统计，只有10%的学生确认自己有明确的理想，对此研究人员未做出评论，而是接着提出了一个要求："既然有具体的志向，那么能否将它写在纸上呢？"那些明确表示自己有目标的学生很快将他们的志向写了下来。然而，据研究人员的统计，其中只有4%的学生的目标是真正具体、可操作的。

二十年之后，研究人员追访了当年接受调查的所有学生的人生发展状况和生活水平，为此他们几乎跑遍了全世界。不过他们仍然觉得这样做很值得，因为追访的结果显示，当年白纸黑字地把自己的人生理想写下来的那些人，无论是在事业上还是在生活的水平上，都远远超出了那些没有写下理想的人。另外，还有一份附加的统计显示，那些目标最明确的4%的人所掌握的财富，竟然超过了其他96%的人的总和！

这份调查报告为我们揭示出了这样一个道理：在同等条件下，无论选择何种人生之路，有梦想与没有梦想的结果是大不一样的。当一个人一旦立志思考人生，并开始尝试去实现自己的梦想的时候，他对事物的看法就会有惊人的改变。

只有胸怀"鸿鹄之志"，才能有巨大的动力、坚忍的意志，个人的天才与禀赋才能得到最大限度的发挥。人各有志，每个人的生活道路各不相同，性格、气质和兴趣各不相同，他们的志向也必然不同。但不论再怎样不同，有一点是相同的那就是：有梦想者，方能成大事。

梦想是踏入事业的大门，勤于工作是登堂入室的旅程，这旅程的尽头就有成功在等待着你。因此，制订远大梦想是事业成功的前提和第一关键，一切事业的成败都取决于此。

当年，汉高祖刘邦在见到秦始皇出游的车驾的时候发出了"大丈夫当如是也"的感慨，而这声感慨最终鞭策着刘邦兴义军，灭秦朝，败项羽，成就了大汉王朝绵延四百余年的辉煌基业。成为一个秦始皇那样的人，这是刘邦的梦想。刘邦之后所做的一切也就因此而有了方向感，他的一举一动都是为了梦想而服务的，而他的人生也因此而不再跑偏，一路向着成功疾驰而去。

可以说，我们每个人奋斗的信念都来自最初内心的那个梦想，这也正是我们努力奋斗的原动力。如果你只是盲目地追赶潮流，盲目地适应社会而忘了自己的梦想的话，那就如同没有航向的船只一样，最终只会迷失在茫茫的大海中，被漩涡与礁石一点点吞没。

如果你不希望自己的人生虚度，那么就要胸怀梦想，志存高远。在确立一个较高的目标后，就要锲而不舍地坚持下去，你就会拥有一份开朗的心情，一份必胜的信心，一份坦荡的胸怀。哪怕一星陨落，黯淡罩不住整个星空的灿烂；哪怕一花凋零，荒芜挡不住整个春天的景色。所以，一个人活在世上，不论你是不是要成就一番大事业，都需要你拥有一个明确的梦想，这样人生才有行走的方向。

那些用冷漠和遗忘来对待梦想的人，往往是想得多，做得少，是不折不扣的失败者；而那些用热情和拼搏去对待梦想的人，才能够找到前行的方向并为之奋斗，最终把自己的梦想变为现实。

合理规划，
让成功事半功倍

你拥有一个远大的理想，同时，你还有一颗足够坚强的内心，为了理想，为了成功，你可以不惜一切代价。但是，只有这些就足够了吗？

不，这远远不够，这些只是你走向成功的硬件基础而已。稍微懂点计算机的人都知道，没有软件来驱动的硬件就只是一个零件而已。能够驱动你的"硬件"，让你走上成功之路的，是系统而合理的职业生涯规划，它可以让成功事半功倍。

有一位年轻人，他学业有成，志向远大。可是，几年过去了，他却还是一事无成。于是，他决定去向一位有道高僧请教。

高僧了解他的来意之后，没有多说什么，只是给了他一个水壶，对他说，"天气太冷了，你先帮我烧壶水，咱们泡杯茶，暖和暖和，再慢慢聊。"

高僧隐居在大山里，那里条件简陋，屋里只有一个小灶，连柴火都没有。于是年轻人去外边找了一些柴火，装满一壶水，便在灶上烧了起来。

见　识

但由于年轻人准备的柴火太少了，没过多久就烧完了，可水还没有开。于是他又跑出去继续找柴火，等找到新的柴火回来，那壶水已经凉得差不多了，又得从头烧。

这一次，年轻人学聪明了，他没有急着去点火，而是继续去找柴火，等柴火准备得差不多了，才开始点火烧。可是由于水太多，烧了半天还是没有烧开。

这个时候高僧走过来，拿起水壶，倒掉半壶水，剩下的水一会儿就烧开了。

高僧问年轻人："明白了吗？"

年轻人若有所思地点了点头，高僧又接着说："一开始你没有足够的柴火，所以不能把水烧开；可是后来柴火有了，水又太多，也很难烧开。其实，我们只需要两杯茶水，所以倒掉半壶水，我们很快就能喝上热茶了。"

在这里，高僧用了一个隐喻，喝茶其实就是年轻人想要的成功。年轻人的热情是毋庸置疑的，他缺少的，正是对于如何走向成功的合理规划。年轻人总是这样，冲劲儿有余，思虑不足。这就像前文中的那个年轻人一样，我们在奋斗的过程中，双眼总是盯着最终的结果，但实际上，我们所忽略的做事的方法却也同样是非常重要的。当年荀彧给曹操制订了"挟天子以令诸侯"的职业生涯规划，结果曹操灭吕布、平袁绍，一统中国北方。当年刘备一心要匡扶汉室，但是奔波半生，毫无建树，直到诸葛亮给他来了个"隆中对策"，刘备才终于走上了高速发展的"快车道"。合理的职业生涯规划对于人生的重要性不言而喻。

要想实现一个梦想，需要做的事情千头万绪。目标一多，实现起来就难了。所谓的规划，实际上就是给你的众多目标确立一个重点。人的精力是有限的，能够同时兼顾到的事情也是有限的，只有从最核心的目标入手，脚踏实地，一步一个脚印地去奋斗，才能取得最终的成功。

李飞毕业后进入了一家贸易公司，工资不高，干了两年后李飞觉得很没意思，觉得照这样发展下去，再干十年也没有出头之日，于是他就跳槽到了一家新的公司。这家的工资虽然高了一些，但时间一久，李飞发现，目前公司主要是和一些小型制造企业打交道，管理上不规范，薪资福利上也没有太大空间。

就这样三年一晃就过去了，李飞又开始着急了——他远大的理想可是开自己的贸易公司，如今在这个弹丸之地怎能实现自己的理想呢？不行，得重新规划未来。于是，他又想出了两个新的短期规划：辞掉老工作，找一家待遇更高的新单位；然后与职场朋友联系，业余时间做产品销售代理赚取外快；同时，准备利用积蓄开一个小卖部，让老爸守店面，又能多捞一把。这样大干三年，就能把开公司的资金积攒出来，三年后就能实现自己的理想了。

计划一定，李飞就着手实行了。由于他有经验，不出半个月就找到了一家新单位，待遇比以前高了许多。然后李飞又与朋友搞起了销售代理，又将老家的老爸老妈接来开小卖部。这下可热闹了，不出一个月，李飞忙得团团转，又要按时上班，又要与销售客户联系，又要经营小卖部。下班时间李飞几乎没有半点空闲时间，有时正与客户谈销售，老爸突然打电话说要进货；有时忙得焦头烂额，竟然在客户的电话中说起小卖部的事。

结果不到三个月就出问题了：李飞由于过于紧张，饮食休息不当，身体垮了；小卖部不经常去，老爸经营得一塌糊涂；新单位的老板要求很严格，李飞总是拖延任务，后来被炒了鱿鱼；销售代理因为抽不出时间与客户面谈，几乎没效果。

即使这样，李飞还想继续撑下去，但事与愿违，心力交瘁的他无论如何也吃不消了，只好停下来养病。李飞本想"一箭三雕"，结果是工作丢了、身体垮了、外快跑了，到头来落得个满盘皆输的结果，于是不得不重新来过。

　　虽然李飞的出发点是好的，但是因为不合理的规划，到头来"竹篮打水一场空"。对于李飞而言，既然在贸易领域里游刃有余，那么完全可以专心做贸易。收入偏低只是暂时的，只要慢慢积累经验与资金，时机、条件成熟了自然就有发展。但急功近利的他设定了"面面俱到"的规划，三年的目标企图一年就实现，又怎能不栽跟头！

　　如此看来，在制订目标和规划时，我们必须要懂得合理规划，通过选择和放弃筛选出核心目标，也可以说是自己的核心欲望，就是我们最想实现的。合理的规划能够帮助我们集中精力，并全力以赴地朝着这个目标去做，那么就更容易实现最终的人生目标，这也正是人生规划的关键所在。

打算要长远，
定位要长期，成功要长久

　　对于初入职场的年轻人来说，怎么挑选工作？如何为自己的事业定位？这几乎是大家都要面对的困扰，有不少人会把薪酬待遇放在第一位去考量。殊不知，这是一种急功近利的心态，会让很多用人单位反感，而且对于个人发展毫无益处。

　　要知道，一个好的公司并不是马上利用员工，而是利用善于创造长远利益的员工，这也就要求求职者在找工作的时候，不要过分注重短暂的经济效益，从而忽视个人的长远发展、职业的发展前景，要学会为自己的事业做长远的定位。

　　一个人对于自己人生的目标定位是否长远，很大程度上决定了未来的发展高度。多年前，哈佛大学做过一个长达25年有关人与目标的研究，发现3%的人有清晰且长期的目标，并最终成为社会精英；10%的人有清晰但短期的目标，他们生活在社会中上层；60%的人目标模糊，生活在中下层；27%无目标的人则抱怨社会。由此可见，人生的打算越长远，定位越长期，成功往往就会越长久。

　　刘博是某高校的硕士毕业生，毕业几个月了都没有找到工作，

见　识

网上投了不少简历，现场招聘会也去了不下10次，虽然得到了很多面试机会，但最后总没有被录用。总结自己求职失败的原因，他认为自己怎么说也是硕士毕业，至少要进国企和高校，但这些单位入职后需从最底层做起，收入也并不理想。用他自己的话说："自己十几年的寒窗苦读，我不想起步太低，难道我非要再去读个博士生才行？"

其实，像刘博这样的年轻人不在少数，他们往往把注意力局限在眼前起点的高低上，而并非着眼于整个职业生涯的长期发展上。关于这个问题，我们不妨先来看一则经典故事：

三个工人在建筑工地上砌墙，有人问他们在做什么。

第一个工人头都没有抬一下，有气无力地回答："没看到吗？我在砌墙。"

第二个工人抬头看了下问话者，严肃地说道："我在建一栋大楼。"

紧接着第三个工人搭话了，他面带微笑地说："我在建一座美丽的城市。"

同样一份工作，三种截然不同的回答，结果自然也不同。十年以后，第一个工人一直都是普通的砌砖工人，他的收入也只能养家糊口；第二个工人成了建筑工地的管理者，虽然也有所成就，但终究难成大器；第三个工人则成了这个城市的领导者。

砌墙是一件非常乏味的工作，就如同我们的工作中有很多乏味的程序一样，关键在于我们如何看待这一工作背后的价值和远景。当你对自己的职场定位得较高时，有一个明确的目标方向时，你就会以这个目标要达到的水平来要求自己。这个目标就是你心中的灯塔，在前方牵引着你，引导你不断向它靠近。

扪心自问，你现在是如何定位自己的？如果你认为自己只能胜任一个普通职员的工作，打算在一个岗位上抱着过一日算一日的想法，你通常会以一个普通职员的标准要求自己，而你的职业生涯或许终究就是一个普通职员。如果你认为你的目标是五年后成为公司的项目经理，那么日常做事时你则会以一个项目经理所具有的品质要求自己，多做项目、多思考、多总结，不断丰富经验。有了这个目标定位，你奋斗起来会更加有动力，方向更加明确，如此你将获得巨大的进步。

事实上，一份好的工作必须要兼顾眼前的和长远的利益，必须能够帮助你实现自己的远景目标。所以，选择工作的时候不能抱着暂时养活自己的心态，也不能说今天干的不是自己的事业，也不是职业。打算一定要长远，定位一定要长期。要在每一份工作中都学到东西，这样才能将自己的职场人生变成一段逐级向上的阶梯。

王磊和赵健是发小，年龄一般大，从小学到初中，从高中到大学，读的都是同一所学校。不同的是，大学毕业后王磊觉得上海高消费，高房价，竞争太激烈，生活压力大，再怎么拼搏也难以混出一片天，不到一年就回老家了；赵健则觉得大城市发展好，有前途，选择留在了上海。

回到老家后，王磊经亲朋好友介绍有了一份稳定的工作，整天坐在宽大明亮的办公室里，不用风吹雨淋，有大把大把的时间娱乐、交友、吃喝等。一开始他还觉得怡然自乐，可这样的日子持续了两三年，王磊就开始整天抱怨自己的工作赚钱少，升职机会小，发展难，抱怨老家经济差，抱怨自己混得不好等。有人问王磊有没有想过换一种生活，王磊点点头又摇摇头："想啊，可是我已经缺少了拼搏的状态。再说，这里也不像大城市，滋生不了拼搏的那种氛围。"

赵健在上海一家500强企业工作，虽然一开始从事最底层的活动执行，收入增长也十分有限，但他认为大城市的发展平台更高，资源更多，教育水平普遍较高，趁年轻要在大城市发展学习，将来才能取得更高的成就。有时为了保证一场活动的顺利开展，赵健几个月通宵达旦。虽然工作非常辛苦，但他的能力、见识和经验与日俱增，几年时间他就从活动执行，升到执行主管，再升到活动总监。

　　人人都向往职场上的成功，更有不少人企盼一举成名，一夜暴富。然而这就像造一所房子，只追求房子的高度，却不努力把地基夯实，房子怎么可能盖好呢？到了一定高度必会轰然倒塌。所以，对于一个眼光长远的人来说，从本质上讲，成功其实不是得到了什么，而是一个人成长了多少，是努力不懈地追求进步，最大限度地发挥自身的潜力，做越来越强大的自己，使自身价值越来越大。

　　常言道："人无远虑，必有近忧。"给自己制订一份长远的职业规划吧，时间规划上最好在一到三年之间。从自身实际状况出发，包含自己的能力水平、进步空间和发展空间。相信一个关注于长期成长的你，一定不会被眼前的小事所影响，也会从当下的利益纠葛中摆脱出来，因为没有什么比成长更重要。

热门和冷门，
别看现在，看将来

在熙熙攘攘的人才交流会上，我们经常会看到这样一种现象：有些企业的招聘展位被应聘者围得水泄不通，而另外一些招聘企业则是门可罗雀。

为什么同是用人单位，不同的企业之间会有这么大的差异呢？事实上，这就是"热门行业"和"冷门行业"之间的差别。热门行业挤破头，冷门行业只能愁。但是，热门行业真的能够让人成功，冷门行业难道就只能埋没人才吗？

19世纪中叶，人们在美国的加利福尼亚发现了大金矿，于是吸引了成千上万的民众前往淘金。当时人们的心情，就像几年前蜂拥而入的股市一样，都认为只要参与进来，就能获得发财的机会，淘金热情极为高涨。

在这群淘金者中，有一个17岁的少年。他本来也随着人群一起来到加利福尼亚准备淘得一桶金，但到达当地后才发现，山谷里气候干燥，水源奇缺，寻找金矿的人都苦于没有水喝。

于是他突发奇想，放弃了淘金，转而向这些淘金者卖水。他用淘金的工具去挖掘水源，从远方引入河水，然后经过过滤，再挑到山中卖给那些淘金的人。

大家因此都耻笑他，说他太没出息了，大老远地跑来卖水。可是，正是这个"傻子"，却在很短的时间里赚取了6000美元，这在当时已经是一笔不小的财富了。而那些淘金的人却都一无所获，很多人甚至还因此丢掉了性命。

这个少年凭借独辟蹊径的"冷门"而大发其财，他就是美国巨富——亚默尔。

亚默尔的经历告诉我们，其实热门行业热的只不过是人们的脑子罢了。即使在"淘金热"的背景下，卖水这一"冷门"也有可能成为"金饭碗"。可见，所谓冷门和热门，并非一成不变，而是时刻处于转化之中的。热门行业的竞争更强，压力更大，冷门行业做好了，同样可以成功，同样可以成大事，赚大钱。

静雨的就业经历就是一个最好的证明。四年前的高考，静雨因为数学发挥失常，虽然考上了第一志愿的大学，却被调剂到了一个她做梦也没有想到的专业——档案学。

刚入学时，静雨很是郁闷了一段时间，"档案学"难道就是"档案袋"？或者就是"人事档案"？档案学在静雨及其家人的印象中是神秘的。

但随着专业学习的深入，静雨发现档案学其实很适合心思缜密而又讲究条理的自己，加上老师对档案学专业的前景介绍，静雨开始对本专业有了兴趣和信心，并对自己的职业发展进行了定位和规划：依靠档案学的专业优势和自己对文字工作的喜好与擅长，争取进入大型企业做文秘或者档案管理工作。为了实现自己的职业理想，静雨利用课余时间选修了汉语言文学专业作为自己的第二学位。

　　大学时光一晃即过，转眼到了大四，昔日最受女生青睐的新闻、法学等专业如今却遭遇到了僧多粥少的尴尬，就业率竟然跌到了全校倒数几名。与此相反，手持冷门专业的静雨，求职之路却一路绿灯。很多单位的文秘岗位看中了档案学专业在资料存档和信息搜集方面的优势，频频向静雨抛出橄榄枝；加上静雨手中还有双学位这张王牌，找起工作来更是游刃有余。最后，静雨顺利进入了一家国内通信行业的领军企业，让身边所有同学都羡慕不已。

　　所谓"热门专业"和"冷门专业"，本身就是相对的。各行各业为主动适应社会主义经济建设发展的需要，急需各种专门人才。这种需求的变化反映到高等学校专业上，就出现了所谓"热门"与"冷门"的情况。然而"冷"与"热"并非一成不变，这时的"热门"专业不一定永远"热门"，而一时"冷门"的专业也不一定永远"冷门"。

　　因此，年轻人在考虑职业和个人发展时，不能简单地从"冷门""热门"出发，而是要综合考虑自己的特长和未来的发展前景。所学专业只是最基本的素养背景，如今用人单位不再看重求职者的单一技能，而是更看重综合素质，包括品行、态度、人际关系技巧等方面。

　　正所谓"三百六十行，行行出状元"，你能不能成功不仅取决于你选择的领域是否是眼下的"热门"，还要看它是否符合自己长远的职业发展和人生规划。

再糟糕的开局，
也可能有完美结果

对于人生而言，什么是"最坏"？什么是"最好"？在有些人眼里，很多事情都是最坏的；但是在另外一些人眼里，即使再困难的局面，也有好转的可能。为什么人与人的想法差距如此之大？我们其实都应该明白，世间万物，生生不息。拿生命来说，连最黑暗的海底、最冷的极地最热的火山口，都能看到生命的存在。那么，在这个世界上，又有什么是不可能的呢？

所以，我希望每个人都做信奉"一切皆有可能"的人，无论是对自己还是对别人，都不要轻易地说出"不可能"这三个字。

海明威说：人生，就是一场战斗。与谁战斗呢？与自己！其实就是与自己的懒散、退缩、逃避行为进行战斗。一个人如果能够战胜自己，他就能够战胜一切，任何看起来巨大的困难、表面上强大的敌人在他面前都会变得不值一提。

很多时候，一项任务看起来似乎陷入困境，甚至是不可能完成的。但是，只要你能够鼓起勇气，勇敢地接受这项极具挑战性的工作，并且竭尽全力去努力拼搏，大多数情况下，局面往往就会发生变化。其实在我们实现梦想的道路上，最大的障碍不是别的，它就来自我们自身。卡耐基在一次演讲中说道："很多人都比自己想象得更精明能干，可人们却在不知不觉中对自己的智慧进行了贬低。"

有些人在工作中稍微遇到一些难题就开始心里没底，开始打退堂鼓，认为自己这也做不了，那也做不了。要知道，做任何工作都会遇到这样、那样的难题，即使日后你奋斗成功自己当了老板，也会面临更多想象不到的难题。人内心深处都有趋利避害的畏难心理，对那些容易解决的事情愿意承担，而把那些有一定难度的工作推给别人。这种心态是需要我们自己加以抑制的，如果放任其控制我们的思想，长期左右着我们的行动，就很容易导致我们一无所成，失去成功和实现梦想的机会。

工作中，我们都可能会遇到这样或那样的问题，也可能会暂时遇到各种困境。这时候，我们不要先找借口退缩或逃避，而要积极主动地去面对问题。即便眼前的局面糟糕到了极限，仍要积极去面对，用最好的自己去迎战，去尽自己最大的努力，去追求最好的结果。这样即使最终结果不如意，也不会有什么遗憾。

有句话是这么说的：一个人，如果你不逼自己一把，你根本不知道自己有多优秀。这句话其实就是在人生的种种可能与不可能之间总结出来的感悟。奋斗的过程中其实没有绝对的可能与不可能，从哲学的观点来说，所有事物都是相对的，我们不必用一些"可能"或是"不可能"给自己的人生立下一些条条框框，只要有梦想，并且敢于去拼搏，就没有什么是不可能实现的。明白了这个道理，我们自然就会知道应该用怎样的态度去对待任何糟糕的开局。

辑二
格局：走出自身局限，推高你的人生起点

再大的饼也大不过烙它的锅。

眼里只有虫子的鸟儿，飞不到白云之上。

看一个人的结局，在格局。

你人生将达到何种高度，取决于你为自己设定的高度。平庸者选择标准配置，卓越者选择自定义配置。人和人之间的差距，表面看是智商、情商的差异，长久来看却是格局的不同。

你平庸至此，
是因为你眼光的局限

　　许多时候，那些在工作中取得不凡成就的人，往往都是那些善于改良和创新的人们。他们对于事物有着独到且长远的眼光，懂得运用头脑中的创意去改进工作，提升工作效率。对于企业来说，这样的员工是很宝贵的财富。

　　从本质上来分析，这样的人之所以在工作中更善于开发和运用自己的创意，其本质是因为这些员工有着更加开阔的眼界和更长远的眼光，他们会用一种更加积极的态度去对待自己的工作，所以他们会时刻考虑自己的工作还有没有改进的余地，该如何去改进等等。

　　相反，有的人却认为，只要把自己的本职工作干好就行了。对于上司安排的额外工作，总是抱怨，从来不主动去做。其实，多做一些分外的工作，不仅可以让你在工作中不断地锻炼自己，充实自己，而且会让你拥有更多的表现机会，让自己的才华充分地表现出来。如果我们总是能让上司感到喜出望外，他将会对我们建立起更高的信任与依赖，并对我们产生赏识，从而在有限的资源分配中向我们倾斜。

对于那些有着长远眼光的人来说，"机会空间"的大门从来都是敞开的。拥有长远眼光的员工通常也有着更加长远的理想，他们在工作中也往往表现得更加出色。

有一次，美国通用公司中国区招聘业务经理，吸引了很多有学问、有能力的人前来应聘。在众多应聘者中，有三个人表现极为突出：一个是博士甲，一个是硕士乙，另一个是刚走出校门的本科毕业生丙。公司最后给这三人出了这样一道考题：

有一个商人出门送货，不巧正赶上下雨天，而且离目的地还有一大段山路要走，商人就去牲口棚挑了一头驴和一匹马上路，路非常难走。

驴不堪劳累，就央求马替它驮一些货物，可是马不愿意帮忙，最后驴终于因为体力不支而死。商人只得将驴背上的货物移到马身上，马就有些后悔了。

又走了一段路程，马实在吃不消背上的重量了，就央求主人替它分担一些货物。此时的主人还在生气："如果你替驴分担一点儿，你就不会这么累了，活该！"

没多久，马也累死在路上，商人只好自己背着货物去买主家。

应聘者需要回答的问题是：商人在途中应该怎样才能让牲口把货物驮往目的地？

甲说：把驴身上的货物减轻一些，让马来驮，这样就都不会被累死。

乙说：应该把驴身上的货物卸下一部分让马来背，再卸下一部分自己来背。

丙说：下雨天路很滑，又是山路，所以根本就不应该用驴和马，应该选用能吃苦且有力气的骡子去驮货物。商人根本就没有想过这个问题，所以造成了重大损失。

结果，丙被通用公司聘为业务经理。

甲和乙虽然有较高的学历，但是遇事不能仔细思考，最终也以失败告终。丙虽然没有什么骄人的文凭，但是他遇到问题不拘泥原有的思维模式，善于用脑，灵活多变，所以他成功了。丙就是一个眼界非常开阔的人。简单地说，所谓的眼界就是要有创新意识，要勇于打破常规，力求最佳的解决办法，力求较好的工作效果。

如果你是一个有着长远打算的员工，你应该明白仅仅是全心全意、尽职尽责是不够的，还应该在工作中比别人多做些准备。表面上看来，你没有义务要做自己职责范围以外的事，但是你也可以选择自愿去做，以驱策自己快速前进。这种态度是一种极珍贵、备受看重的素养，它能使人变得更加敏捷，更加积极。

有不少刚刚走出校门的年轻人在参加工作伊始，面对自己从未接触过的工作，一时有些手足无措，每当领导交给他们工作任务时，总是要问一句该怎么办。这种做事方法长此以往就会出现依赖心理，只会被动服从，不会主动开拓，从而局限了自己的眼光。

事实上，没有人能保证你成功，只有你自己；也没有人能阻挠你成功，只有你自己。要想获得成功，你就必须敢于去做，敢于去思考，敢于去开拓自己的思路和眼光。既然没有人会给你成功的动力，同样也没有人可以阻挠你实现成功的信念。

因此，每个人在工作中都要充分调动自己的主观能动性，一旦自己的眼界开阔了，眼光长远了，就自然而然地掌握了个人进取的精义。只有看到别人看不到的东西，才会让你比别人更快一步，也更有创意，这样你才有获得加薪和升职的机会。如果你只是看到眼前的工作，或者敷衍应付，对公司的发展前景漠不关心，你就无法获得额外的报酬，你就只能得到属于你应得的那一部分，当然，这比你想象得要少。

眼光是一件既抽象又重要的东西。无论是对于个人，还是对于企业，在发展过程都少不了它的帮助。而且，对于企业而言，更长远的眼光可以刺激和调动大家的主观能动性。企业需要什么，对于企业的发展而言，这是一件很长远的事情，需要有长远的眼光才能够看清楚。

因此，无论你是初入职场，还是已经成为管理者，"每天多准备百分之一"的长远眼光能使你从竞争中脱颖而出。你的企业、上司、同事和顾客会关注你、信赖你，从而给你更多的机会，你的事业和人生也将会拥有更多的机会。

"野心"一定要有,
否则和"咸鱼"有什么区别

　　在这个世界上,为什么有的人显达、富有、成功?有的人平庸、穷困、失败?有人说这取决于能力,这个确实有道理,但是能力的差别如此之大,原因又是什么呢?有人说是天赋不同,然而科学研究表明,虽然人的天赋存在差异,但差异很小,不足以导致后天发展的巨大差异。也有人说取决于知识,那么为什么是在同等的学习机会之下,仍然会产生人与人之间的巨大差异呢?如果这一切都不是真正的原因,那究竟是什么导致了人们的成功和失败呢?成功有没有规律可循呢?

　　令人欣慰的是:答案是肯定的。曾有人做过大量长期的研究,大多数的成功者都有一个共同的特征,无论是各行各业各种身份的成功者,在他们身上都可以找到一个共同的特征,那就是对于成功的强烈欲望,也就是我们所说的"野心"。

　　所有的成功都源于对成功的欲望。寻根溯源,成功在最初其实仅仅是一个念头和想法而已——如果连最初的想法都不存在,又谈何成功呢?成功者的内心总是有一点儿野心,敢于尝试那些平常人们看来不可能获得的东西。

例如，爱迪生的野心就是给这个世界带来光明，于是他经历了常人难以想象的磨难和努力之后，终于发明了电灯泡。这对当时的人们来说简直是天方夜谭。而当月收入只有几千元的你希望能成为亿万富翁的时候，也许周围的人们会同样觉得你的想法是天方夜谭而嘲笑你，但事实是，那些亿万富翁们起初也和你我一样身无分文，为什么他们能成功，而你我却不能？

其实最本质的区别还是在于对成功的渴望。成功者敢于想，而失败者不敢想，迈向成功的第一步就需要想，需要野心，需要树立一个宏愿："我一定要成功！"这是迈向成功的起点，太多的人之所以平庸、失败，就是因为这个起点不存在。

提到史泰龙，大家都知道他是一个世界顶尖级的电影巨星。史泰龙出生在一个"酒赌"暴力家庭，父亲赌输了就拿他和母亲撒气，母亲喝醉了又拿他来发泄，这使他常常是鼻青脸肿，皮开肉绽。

高中毕业后，史泰龙辍学在街头当起了混混儿，直到20岁那年，有一件偶然的事刺痛了他的心。"再也不能这样下去了，否则迟早成为社会的垃圾，人类的渣滓！我一定要成功！"史泰龙想到了当演员，不要资本，不需名声。虽说当演员也要条件和天赋，但他就是认准了当演员这条路！于是，史泰龙来到好莱坞，找明星、求导演、找制片，寻找一切可能使他成为演员的人，可他得来的只是一次次的拒绝。"世上没有做不成的事！我一定要成功！"史泰龙内心对于成功的野心始终没有熄灭。

后来，史泰龙开始重新规划自己的人生道路，写起剧本来。一年后，剧本写出来了，他又拿着剧本四处遍访导演，"让我当男主角吧，我一定行！"结果得到的仍然是一次次的被拒绝。"也许下一次就行！我一定能够成功！"就这样，史泰龙靠着他内心的那份执着，终于找到了一个愿意为他投资的制片人。

　　结果，史泰龙靠着这个剧本一炮而红，塑造了一个电影史上的神话。这部史泰龙自编自导自演的影片就是《洛奇》，史泰龙凭借此片一举赚得两亿两千五百万美元的票房，并赢得了当年的奥斯卡最佳影片和最佳导演奖，史泰龙本人也获得了最佳男主角提名。

　　有人说，成功起源于强烈的欲望，即对成功的野心。从本质上来说，野心是一种始终不渝的奋斗精神，对于不同的人来说，这种奋斗精神的强弱正取决于你的成功欲望的大小。要想成功，你必须把自己的欲望之火激发到白炽状态。史泰龙的成功就源于他内心对于电影梦想的强烈欲望。正是这份欲望支撑着他扛过了一次又一次的失败和拒绝，支撑着他在重重困难之下始终没有放弃自己的梦想。这份强烈实现梦想的欲望和野心就是他通往成功的起点所在。

　　"我一定要成功"是一种野心，也可以说是一种心态。对于成功，对于未来，有的人会抱着一种侥幸的心态：说不定哪一天我能碰上一个好机会，说不定哪一天我能遇到一个好领导对我情有独钟，说不定哪一天我炒股会发一笔大财。这是人生的投机心理，这种人只有幻想，是绝不会成功的。

　　也有的人对未来和成功充满着渴望，与前面几种人相比，他们的心态更趋于积极，更能主动地抓住机遇，不断完善自我，因此，每天都会有进步。但这个世界，渴望成功的人太多，你必须要有更积极的心态才能不断超越。真正的成功者必须抱着"我要成功，我一定要成功"的欲望，要有"成功非我莫属"的野心，这是生命的内在动力，也是迈向成功的原动力。

　　虽然历史上很多臭名昭著的野心家给世界带来了很多伤害，但是在另一个极端，我们也可以看到：大凡成功的创业者，之所以取得了不同凡响的成功，关键在于他们怀抱改变世界的野心。自古以来，"野心"在大多数情况下是一个贬义词。但是，现在有心理专家研究表明，"野心"是成功的关键因素。只要一个人有野心去想，就能够使一个人的能力发挥到极度。

成功者永远都是人们目光的焦点，这是毋庸置疑的事实。因此，如果你心中有梦想，如果你渴望成功，请把它变成你的欲望和野心，并不断地滋养它，把它培养强大，强大到足以成为你无视一切困难挫折的能量。这种能量会指引你在通往成功的道路上所向披靡。如果你想要成功，请你用生命的全部能量大声向这个世界宣布："我要成功，我一定要成功！"只要你是发自内心，这个世界就会被你的野心所震撼。

相信自己，
你想要的时间终会给你

我们一定都记得这样一个漫画，说的是一个人去挖井，挖了很多口，几乎每一口都是在快挖到水的时候放弃了，最终这个人确定这片地方是没有水的，便彻底放弃了。道理很简单，就是说做事情只要坚持到底，奇迹就会发生。

虽然我们每个人都明白这个道理，但在现实生活中真正能做到的却很少。很多时候我们在坚持不下去的时候都擅长给自己找借口，如时机不对，或者努力的方向错了，或者是去寻找更好的目标，等等。正因为如此，这个世界上才有了那么多半途而废的梦想。

其实无论任何事情，哪怕困难再大，成功的机会再渺茫，只要始终相信自己，肯为之坚持不懈地努力，持之以恒，那么获得成功的概率就会大大提升。许多人口中所说的"奇迹"及"上天的眷顾"，其实都是持之以恒努力的结果，如绳锯木断，如水滴石穿，这些都并非奇迹，而是日复一日不懈努力的结果。

1948年，英国牛津大学曾经举办了一次"成功奥秘"讲座，邀请的是当时已经声誉登峰造极的英国首相丘吉尔。因为丘吉尔本身就是一个顶尖级的成功人士，而他演讲的话题又是关于成功的秘诀，所以各界人士早就翘首以待，议论纷纷。

讲座当天，会场被挤得水泄不通。演讲一开始，全场便掌声雷动。然而，丘吉尔只说："成功的秘诀有三个——"说到这里便是沉默，场下异常安静，人们纷纷做记录。"第一个，是决不放弃。"话语坚定有力，简练精当。人们在兴奋中安静下来，期待着丘吉尔接下来的分析。

可是，丘吉尔接着用缓慢的语调说："第二个，是决不、决不放弃！"全场在期待着。"第三个，是决不、决不、决不放弃。"说完这三句话，丘吉尔整理了一下衣服，向观众鞠躬，示意自己的演讲结束了。

在场的所有人都惊呆了，以至于整个会场出现了很长时间的寂静，然而紧接着，暴风雨般的掌声响彻整个会场的上空……

丘吉尔所说的第一个"决不放弃"，其实是在告诉大家：无论做什么事情都要坚持到底；第二个"决不、决不放弃"，是说当你遇到困难想放弃的时候，要给自己信心，坚持下去；第三个"决不、决不、决不放弃"，是在告诉大家只要一直坚持下去，任何事情都能够成功。当然，这只是后来人们对于演讲内容做出的解释之一。这场演讲，可以说是成功演讲史上的经典之作，也是丘吉尔给人们留下的最为精彩的演讲。

坚持不懈是人生难得的高贵品质，是人生取得成功的重要因素。在关键时刻，只要你发扬"坚持"精神再加以"不懈"努力，相信自己的意志和能力，勇于接受挫折和恐吓的考验，不仅会获得丰厚的回赠，还会不断开发自己身上的潜能，甚至产生奇迹，最终获得成功。

《羊皮卷》的作者奥格·曼狄诺写下过这样一段话："我不是

为了失败才来到这个世界上的，我的血管里流动的也不是失败的血液。我不是任人鞭打的羔羊，我是猛狮。我不想听失意者的哭泣、抱怨者的牢骚，这是羊群中的瘟疫，我不能被它传染。失败者的屠宰场不是我命运的归宿。生命的奖赏远在旅途终点，而非起点附近。我不知道要走多少步才能达到目标。踏上第1000步的时候，仍然可能遭到失败，但成功就藏在拐角后面。"

　　其实，这个世界上并不缺乏奇迹，缺乏的是为了心中的梦想而不懈努力的精神。同样，还有一句名言是这样说的："要在这个世界上获得成功，就必须坚持到底，剑至死都不能离手。"其实任何一个人在成功之前，都必定会遇到许多的失意和挫折，甚至是一次又一次的失败。如果你选择了放弃，无疑就是放弃了一个成功的机会，因为在大多数时候，成功之前的失败，往往距离成功只有一步之遥。自古以来，那些所谓成功的英雄，并不比普通人更有运气，只是比普通人更加锲而不舍，更能坚持而已。

　　那么，我们应该如何去增强相信自己的决心呢？在遇到困难和挫折的时候，我们靠什么去支撑我们继续坚持下去的勇气呢？首先，我们要放正心态，要明白实现梦想其实是一个非常寂寞的过程。生活本身是快乐的，我们要用快乐的心态迎接每一次挑战，用自信的力量突破每一道难关。同时，我们也要认识到成功过程中充满艰辛、困惑和打击，所以你要执着，要坚强，更要甘于寂寞。现实社会的诱惑太多，选择太多，是否能够经得起考验，坚持自己的梦想，是能否取得最后胜利的关键所在。

　　其次，任何目标都要有长期坚持的思想准备。别相信一努力就进步、一奋斗就成功的神话。在现实竞争如此激烈的社会环境里想获得成功，你得先学会默默地做好自己的事，专注于某一点或某一方面，用阅历和经验的积累去丰富自己的思想和知识。正如你羡慕别人在某些方面的特长，你可知道他们从小接受了这方面多少系统的训练，克服了多少训练中的困难，"台上一分钟，台下十年功"正是讲的这个道理。

还有一点就是要努力拓展视野，奋斗过程中不要因为一些细节患得患失。一旦目标确定，就可以全面地关注与此相关的领域，抓住时机充实这方面的相关知识。在大目标确定的情况下，剩下的就是行动和坚持。可能在实现过程中会出现方向的偏差和进度的缓慢，但无论如何也不要怀疑自己的能力，更不能随时、随便否定自己，患得患失，瞻前顾后是你成功的最大障碍。记住，说得越多，做得越少，聪明人在别人喋喋不休或面红耳赤的争论时，常常已走出了很远的距离。

任何梦想都需要经过时间的考验，要经过坚持不懈的努力，从来都没有哪个人可以随随便便就成功。古人说过："行百里者半于九十。"就是在强调坚持努力的重要性。不到最后成功的那一刻，就不能放松，而且，只要我们对自己的梦想真正拥有热情，就一定能够发自内心地产生源源不断的奋斗动力。不管什么行业，不管梦想大小，只有那些能够耐下心来、经受住考验、努力到最后的人，才能看到奇迹的发生，取得最终的成功。

不图名，不为利，
只为把事做好

不知道从什么时候开始，"单纯"变成了一个贬义词，甚至成了讽刺别人不懂人情世故、头脑简单的代名词，而老实、诚实等词汇也渐渐地变了味道。这些曾经给我们带来光荣和赞扬的词汇，慢慢地让越来越多的人敬而远之，这不能不说是一种悲哀。越来越多的人开始认同这种浮夸的风气，距离那种踏实努力奋斗的精神越来越远。殊不知人生是没有捷径的，即便是一时之间可以要点小聪明，但是终究会付出代价。

A公司是一家老牌实体公司，领导特别重视业务发展，所以培养了许多业务精英骨干，其中王伟和同事张斌堪称佼佼者。王伟和张斌的业务能力都很强，强强联手应该所向披靡。但张斌特别重视项目业绩，他认为业绩就是升职的垫脚石，经常为了抢业绩与同事们明争暗斗……

后来，王伟和张斌共同接手一个新项目。王伟每天埋头苦干，加班加点地研究资料信息、拜访客户、开拓市场；而张斌则和平常一样按点上下班。项目进行得很顺利，但在向上级汇报工作时，张斌却将大部分功劳归在了自己名下，这令王伟深感烦恼和疲累，开始消极工作，甚至想到了跳槽。

　　其实，职场之上，名和利都不是你能争来的，而是别人给你的。例如，老板赏识、客户认同、同事口碑、公司荣誉、行业地位等，这些都是职场人能够获得的名；而薪资、奖金、待遇、股权等，这些都是职场人能在职场获得的利。大家仔细看一下，这里面有哪一个是靠你去争，能争来的？

　　那么，别人为什么会给你名利呢？这里最关键的不是运气，不是环境，而是取决于你的能力。你做事的能力越高，在职场中越能担当责任，那么你的领导、上司、客户、同事也越会认可你、信任你、倚重你，接下来领导自然就会把职场名利给你了，给少了还怕留不住你。明白了这个道理，还有什么可争的呢？

　　后来的事实证明，张斌与下属和同级间矛盾重重，相互之间的关系处理得很僵，在公司中的口碑极差，最终被冷落、被孤立；而王伟踏踏实实工作，各方面能力不断提升，并且待人和善，群众基础好，也深受上级认可和喜欢，事业步步高升。

　　其实，只要我们关注一下身边的、社会上的成功人士，就不难发现成功人士关心的不是环境的好坏，也不是职场中的竞争，他们更多关心的是未来、趋势、价值。他们并非没有功名利禄之心，只是他们明白名利不是争来的，他们不图名，不为利，只是单纯地把手头的事情做好，当自己越来越优秀时，最终成功便来了。毋庸置疑，这是一种纯粹高尚的匠人精神，这样的人更受人青睐、尊重和推崇。

　　那些热衷于追逐名利的人，总是希望用最快捷的方法去解决问题，总是想得到获取捷径的答案，正如喝速溶咖啡一样，人们喜欢追求瞬时的快乐。然而这里没有快速的解决方法，这样的态度只会令人失望。而且因为触及不到问题的本质，往往会适得其反，反而增加更多的麻烦。这种企图寻找快捷方法的态度其实是一种不够真诚的态度，对于生活对于人生的不真诚。人与人之间缺乏真诚，就不会得到真挚的感情；同样，对待生活如果没有一个真诚的态度，那么一定不会得到生活慷慨的回馈。

屈峰是北京故宫博物院文保科技部木器组组长。自2006年从中央美术学院毕业进入北京故宫博物院至今，屈峰已在故宫度过了11年的"宫廷生涯"。作为一个天马行空的艺术专业毕业生，屈峰曾经为中规中矩的日常工作中无法安放的艺术创新梦想而苦闷，而且他参加中央美院的校友活动时，发现同学们都在做着更赚钱的现代艺术，这更让他内心浮躁。

但不久他就从师父挥汗如雨的场景中懂得，"名利"二字在文物修复师的眼里没有多大意义，"你是一个生命，文物是一个生命，两个生命在碰撞的过程中，就会用自己的生命体验去理解文物，愿意施予它一生的劳动，使它完整地、安好地、在长河中继续漂流下去。"

就这样，心高气傲的屈峰放下了对名利的期待，不去想着如何获得功名利禄，而是像他的师父一样，低眉顺目、气定神闲地对待每一个到自己手上的文物。在近年最火的《我在故宫修文物》的纪录片里，他一边拿着刻刀，一笔一画地雕琢着佛头，一边娓娓道来："你看有的人刻的佛，要么奸笑，要么淫笑，还有刻得很愁眉苦脸的。中国古代人讲究格物，就是以自身来观物，又以物来观自己。所以我说古代故宫的这些东西是有生命的。人制物的过程中，总是要把自己想办法融到里头去。人到这个世上来，走了一趟，都想在世界上留点啥，觉得这样自己才有价值。幸好，我已找到。"

后来，随着《我在故宫修文物》纪录片的播出，屈峰彻底火了。

　　职场上明争暗斗、尔虞我诈简直数不胜数，拉帮结派也都是常见的。但职场也是绝大多数人能够实现自己人生价值与梦想的地方。很多人醉心于名利，终其一生都在苦苦寻觅，却很少得到名利；有些人不求名利，只认真做自己在做的事情，结果名利却反过来追求他。可见，只要你脚踏实地地工作，做出了自己的贡献，只要你的工作有价值，你自然就会获得好的名利。

　　我们一定要记住：名利永远都不是你上进或堕落的理由，请不要以此为借口来误导自己。不图名，不为利，只为把事做好。如果自己通过努力真的获得了成功，那么这是天道酬勤；假如自己做得还不够好，自己的能力还不够强，那么深挖自身潜力，如此势必将自己塑造成一个被认可、被信赖、被敬畏的形象。

给心灵一次自我提升的机会

日本"经营之神"松下幸之助年轻时在一家电器店当学徒，跟他一同进入这家电器店的还有两名学徒。起初，他们三人的薪水很低，那两名学徒因此常常心生不满，做事也不认真，工作日渐马虎起来。

松下跟他们不一样。他觉得既然来到电器店，就应该要好好珍惜这难得的学习机会。为了早日掌握各种电器的使用方法及要领，他每天都比别人晚下班，利用这些时间阅读各种电子产品的说明书。他还利用空闲时间参加了电器维修培训班，他想通过努力学习让自己成为这方面的行家。虽然那两个同事总是嘲笑他，却丝毫没有动摇他的决心。

功夫不负有心人，通过不懈的努力，松下从一个学徒变成了一个能够给顾客讲解各种电器知识的专家，并且可以自己动手修理与设计电器。店主很欣赏松下的这种学习精神，非常器重他。不久店主便将他由学徒转正为正式员工，并且将店里的很多事情都交给他处理。这大大地锻炼了松下的能力，为他以后的创业打下了良好的基础。而松下那两个不求进步的同事最后一辈子默默无闻。

一个愿意通过学习来提升自己能力的人，最终会获得职位上的升职和事业上的成功，并且能令自己的心灵提升到一个更高的境界。这种不断学习的态度会令他们获益终身。学习不仅是学生的任务，无论年纪大小，或从事哪一个行业，都需要不断学习。只有学习才能扩大视野，获取知识，把工作做得更好。

许多人以为，学习只是青少年时期的首要任务，只有学校才是学习的场所，自己已是成年人，并且早已步入社会，因此觉得没有必要再学习新知识，除非为了取得文凭。这种想法是非常错误的。学习其实不仅仅是一种手段，还是一种态度，一种对待人生和梦想的态度。实现梦想是不断学习的唯一动力和理由，也是我们提升心灵的目标之一。

《礼记》云："学然后知不足，教然后知困。"古人所云，恰可以用来概括当今的终身学习理念，那就是把学习和生活融为一体，使学习成为一种个体发展的必然需要，成为现代人生活的一部分。学习是一辈子的事，就像现代人提倡"终身学习"，面对多元发展的时代，每个人都必须求进步，不断地自我启发、突破，才能跟得上大众的脚步，才能让自己的心灵有所提升。

除此之外，我们还要具有自律精神。《方与圆》中有这样一段话："律己力还是人与动物的根本区别之一。动物不会考虑长远利益，只要有诱饵，就容易上当。只有人才能立足现在，放眼未来，衡量局部利益与整体利益。能律己，也就意味着能理性思考，对各种情况都冷静考虑，是非轻重与衡量有依循标准，不致利令智昏，误了大局。律己力正是人成熟与否的重要标志。"人作为一种区别于动物的高智慧生物，不能做内在冲动的奴隶，要用远大的理想来控制自己的内在欲望，能做到自律才能取得更大的成功，自律才是提升自我心灵的正确态度。

当然，要想真正走出自身局限，提升自己的境界，还有很重要的一件事情需要学会，那就是利他之心。古语有道："欲先取之，必先予之。"你计较，别人就会计较；你付出，别人就会付出。索取通常换来的也是索取，因为利己；舍得换来的是舍得，因为是利他，共赢的出发点应该是利他的。只有站在利他这个立足点上待人接物，才能获得他人的尊重和支持，共赢才有可能实现。

我们要想做到这一点，首先要摒除内心的私欲，学会把他人的利益放在首位，先考虑他人，后考虑自己。先考虑他人利益，不仅仅是一种境界，更是一种需要。因为你不考虑他人的利益，你根本就无法在社会上立足。所谓利他方能利己，利他，是每一个人成功和发展的前提。所以，利他的出发点是一种价值观，是一种远见卓识和价值取向，只有做到这一点，我们的心灵才能有更加广阔的提升空间。

曾经有一句电影台词非常火："活着是一种修行。"这种修行其实就是一个不断提升心灵的过程。无论是坚持学习，还是自律和利他的精神，都是自我修行，提升心灵境界的一种途径。人之所以是高智慧生物，正是因为人类拥有不断提升自我的欲望和心智。因此，每一个人都需要有不断提升心灵的人生态度，只有如此，我们的生命才能更加宽广，才能更有意义。

已知的是平庸，
未知的是卓越

　　成功需要的心理素质是什么？有人说，心有多大，世界就有多大；也有人说，小心驶得万年船；也有人说，只需要勤奋勤奋再勤奋就行了。但是事实证明，成功是由多方面因素共同促成的，并不是简单的某一个方面就能够起到决定性作用的。成功的诸多因素需要综合在一起，才能达成最终的结果。而起到综合这些因素并且决定其方向的统帅，首先是心态。

　　在战争时期，战略家们曾经总结出来一条经验：要想获胜，就要做到"在战略上藐视敌人，在战术上重视敌人"。这种心态同样适用于梦想，在"战略上藐视敌人"，其实就是在鼓励我们敢去想，再高的目标，心中都不能有畏惧，敢于梦想的人才有可能去拼搏。如果一个人连梦想都不敢有，不敢去挑战未知的东西，那他的成功也就无从谈起。

　　重量级拳王吉姆·柯伯特有一回在跑步运动时，看见一个人在河边钓鱼，一条接着一条，收获颇丰。奇怪的是，柯伯特注意到那个人钓到大鱼就把它放回河里，钓到小鱼才装进篓里。柯伯特很好奇，他就走过去问那个钓鱼的人为什么要那么做。钓鱼翁回答道：
"老兄，你以为我喜欢这么做吗？我也是没有办法呀？我只有一个
小煎锅，煎不下大鱼啊！"

你也许觉得这个故事很好笑，可是如果我们仔细去观察和思考
自己的生活，就会发现，这个故事说的正是你和我啊！这样的故事
每天都在我们身边发生着，很多时候，当我们有一番雄心壮志时，
就习惯性地告诉自己："算了吧，我想的未免也太过了，我只有一
个小锅，可煮不了大鱼。"

我们甚至会比这个钓鱼翁更加愚蠢，如进一步找到借口来劝退
自己："更何况，如果这真是个好主意，别人一定早就想过了。我
的胃口没有那么大，还是挑容易一点儿的事情做就好。别把自己累
坏了。"这种心态几乎每个人都有，不同的是，那些最终取得成功
的人，能够在一开始就把自己的这种想法从头脑中剔除出去，他们
会告诉自己：没有什么不可能，如果连想都不敢想，那么又怎么去
开始做呢？

现实生活中，相信大家都遇到过这样一些人：他们非常羡慕别
人的高收入，非常羡慕别人优越的生活条件，他们每天也在为自己
的生活付出着艰辛的劳动，但他们的生活却并不太好，而且始终没
有改变，究竟是什么把他们困在平庸的境地呢？

张磊读书的时候学习成绩非常好，但后来由于父亲突然病逝，
生为长子的他便辍学步入社会。张磊现在在老家开大货车，经常跑
长途拉货，非常努力地过日子。虽说大家的年龄都差不多，但张磊
明显比别人显得更老一些，同学之间见面时他一直称赞羡慕其他同
学事业有成。

组织聚会的时候，为了方便联系，班长建了一个微信群，将同
学们一一拉进群，但轮到张磊这儿，他却说自己一直没有微信。大

家问他为什么不注册一个呢？他的回答是："我就是一个开车的，没文化，没背景，这东西是年轻人玩的，我注册这个也没用。"在这种心态下，他一直没有尝试用微信。

后来，有同学提到自己年前去法国旅行的事情，张磊一脸的羡慕，说自己这辈子都不知道能不能出国看看。大家说现在出国旅游很方便的，张磊却摇摇头说："我没时间，也没钱，还有我口语不好，这辈子恐怕也别想了。"在这种理由下，他从来没有真正计划过出国旅游的事情，觉得那是痴人说梦。

有句话是这样说的：一个人的平庸和低成就都是他自我设限的结果。在张磊看来，只有有文化的人才会使用微信，只有英语好的人才会出国旅游，这些就是他不玩微信、不学英语的借口。虽然他做着辛苦的工作，但却只是简单地重复，一直在舒适区内徘徊，拥有的能力也没有得到提高和增加。在一成不变的套路里，他身上所有的能力都被限定住了，慢慢地就沦为了平庸之辈。

多么可怕的"自我设限"！细细想来，这样的情景不正是在许多人身上存在着么？

"我害羞""我懒惰""我记性不好""我不善交际""我太粗心大意了""我容易紧张""我天生就是这样的"……生活中，不少人总习惯用这种消极的让人不思进取的"标签"定义自己，这跟懦夫有什么区别？

自我设限的表现对于一个人的发展影响是相当大的，当你想释放自身能力的时候，它便出来大喝一声，让你退缩！把自己定在了一个自我期望的范围之内，你就只会做这个范围之内的事情。这是对自我潜能的画地为牢，会束缚你的意识和能力，使自己无限的潜能化为有限的成就，再过十年也是停留在原地，无法前进。

所以，我们不要被"这太难了，我根本做不到""这件事情我没有做过，我不敢做！""没有尝试过，失败了怎么办？"这样的想法困住自己的脚步，更不要让它侵占我们的内心。否则，我们会失去做很多事情的勇气，更会失去相信自己的能力。

很多时候，人生就是我们自己和自己的较量，战胜自己，勇敢地做自己想做的事情，那么我们就会使自己脱颖而出，锋芒尽露；若是不能战胜自己，做事之前顾虑太多，或是怀疑自己不行，那么就只能一步步走向平庸。

所以，为什么不勇敢地试一试呢？做自己想做的事，勇敢地向前行，这才是我们最应该去做的事情。从某种意义上讲，已知的是平庸，未知的才有可能卓越，不敢尝试才是人生中最大的失败。

不想做职场弃子，
你要做到不可替代

央视著名主持人白岩松说过这样一段话："一个人的价值、社会地位，和他的不可替代性成正比。"也就是说，一个人在他所工作的领域内，越是无可替代，收入就越高，社会地位也越高；相反，一个人如果在他所工作的领域内可有可无，无足轻重，那么他的收入肯定就会很低，社会地位也就无从谈起。

职场上，每个人都希望自己在企业中的地位能够越来越重要。身为企业的一分子，如果有一天我们做到了在公司没有其他任何人可以替代，那就意味着我们已经实现了这一愿望。那么，我们应该怎样去努力，才能达成这一目标呢？

小宇到公司有一段时间了，虽不是名校毕业，但好在很刻苦、很勤奋。有段时间公司特别忙，很多部门都在加班，他自己的部门虽然不用加班，但他也跟着大家加班加点地工作，给大家的印象还不错。但相处久了之后，大家都发现小宇不善于表达自己，很少主动和其他同事接触或讨论工作。有时同事征求他的一些建议或意见时，他都会笑着说自己刚来，什么都不懂；当有人提出一个新建议时，他总是附和着说好，但具体哪里好，他也说不出所以然……

总之，几乎看不出他相比其他同事有什么其他过人之处。换句话说，他对于同事们其实是可有可无的，有了他没了他其实都大同小异，毕竟想挤入那家公司的人那么多。

没几天，公司又来了个实习生小阳，小阳虽然能力也有待提高，但他是一个很主动的人，哪怕实习期间，他也会在开会的时候大胆发言。而且他的文字水平很不错，经常能帮部门写一些策划类的文案。有时候，他还会提供一些好的创意，发挥自己的聪明和才智。这样的人自然不会被人忽视，他明朗的笑容和落落大方的处事风格，更是令同事们认可。当时正好单位有一个新项目需要从各部门抽调一部分人，他所在的部门领导"顺水推舟"让小宇去了新的项目部。

为什么实习生小阳得到了大家的青睐和推荐，而"老员工"小宇却受到了冷落呢？因为小宇就是工作中典型的"随时可以替代"的那类人，各方面能力平平，只能被调来调去，又因为不断调整岗位，想深入了解一项工作更是难上加难，所以一个新来的实习生都可以轻而易举地取代他，加薪无望，升职更无望。

所以，当你没有获得足够的器重，当你工作多年薪水依然微薄时，不要再找"公司不重视我""我没有好机会"等借口。你要想想到底是公司不给你机会，还是你没有值得公司器重的价值。如果你在组织中是一个随时都能被替代的存在，那么自然一直默默无闻，公司裁员时第一个人选就是你。

很多人抱怨自己明明做了很多的工作，可是收入却不高，升职加薪的机会总落不到自己头上，说到底，这其实就是因为老板并不是非你不可。也许你是一个好员工，但绝不是那个可以委以重任独当一面的好苗子，你太过平凡、太过普通，随时都有可能被招聘的新人所取代，而且成本并不高。

有一定工作经历的人都会有这样的体会：每次公司需要人员调整的时候总有那么一两个人被不停地调来调去，从A部门调到B部门再到C部门，一起进单位的同事，有的成为业务骨干，有的成为部门主管，只有他还在原地踏步。"为什么我的努力别人看不见？"这句话大概是这类人的心声了，而实际上，这个问题的答案，还要从他们自己身上去寻找。

没有文凭，没有经验，就注定不被赏识？就注定一事无成？其实这些都不是最主要的，你只需要一样，即一样能让自己发光的技能。你要在自己负责的工作范围内找到那个至关重要的环节，也许这个环节就会让你成为组织中不可或缺的人，让组织对你产生依赖，失去你将会是很大的损失。

王磊曾经在一年半的时间内，从一名小员工快速晋升为一家管理公司的主管，大家都怀疑他是职场政治的高手。其实王磊从来不搞职场政治，用他自己的话说："在我看来，我只是让领导知道了我的价值罢了。"

那么问题来了，如何让领导知道自己的价值？答案不言而喻，那就是：让自己做到无可替代。

虽然这种不可替代不是绝对的，但我们至少应该做到拥有一些核心竞争力的技能，如果老板再培养一个人选或者另外找人替代你的话，将需要付出更高的时间成本和经济成本，所以你就是那个最具价值的最佳人选。如此，当你想升职加薪时，老板考虑到你对某块业务或技术有不可替代性，自然会如你所愿。

1999年，时任一家公司工程副总裁的曼斯菲尔德转而加盟苹果。2005年，曼斯菲尔德开始担任Mac硬件工程主管，2010年又成为iPhone及iPod硬件开发主管，并在随后iPad计划开始时成为公司硬件工程副总裁。在这些产品的设计研发过程中，曼斯菲尔德表现出来令人赞叹的创新思维，在他主持下开发出来的一系列产品也都受到了人们的欢迎。

2012年6月，美国苹果公司宣布在苹果工作长达十三年之久的硬件工程部门高级副总裁鲍勃·曼斯菲尔德即将退休的消息。但是，仅仅两个月之后，苹果又宣布，曼斯菲尔德将继续留任，并且全权负责公司"未来产品"方面的工作，直接向CEO蒂姆·库克进行汇报。

曼斯菲尔德之所以没能成功"退休"，同硬件团队工程师对高层的这一任命决定不满有着极大的关系。他们认为，继任的里奇奥在之前工作中表现出来的创新能力不足，因此并不适合接任这个职务。因此，在听取了这些工程师的意见以后，库克同曼斯菲尔德进行了一次谈话，并开出了200万美元月薪的条件让其继续留在苹果为硬件部门提供顾问服务。显然，库克认为暂时还没有其他人选能够替代曼斯菲尔德。

因此，职场中的我们不妨经常问问自己："你在公司是那个可有可无的人吗？""如果公司要裁员，你会是第一批就被考虑的对象吗？""你目前的岗位，换作别人能做吗？能做得和你一样好吗？"如果你在这些问题中得出的答案都是肯定的，那么你就要开始警醒了，因为很有可能在不久的将来，你会成为企业放弃的对象之一。

今日居安思危，
明日临危不乱

　　什么是危机意识？危机意识就是一种忧患意识，就是在安逸、顺利或取得成就时所具有的一种危机感。人为什么要居安思危？危机意识是一种超前意识，预知危机并能认识危机，方能提前预防，未雨绸缪；危机意识是一种鞭策意识，能产生"狼来了"的紧迫感，不断推动自身前进发展。

　　在伊索寓言里有这样一则故事：

　　一天，猴子在树林里遇到一只山猪，只见山猪不停地在一棵大树旁磨牙。猴子感到奇怪，问山猪："现在既没有别的动物来伤害你，也没有猎人来捕捉你，你为什么不躺下来休息享乐，而是拼命地磨牙呢？"

　　山猪笑着说："现在磨牙正是时候，你想一想，一旦危险来临，我哪里还有时间磨牙呀！现在磨得锋利点，等到用的时候就不会慌张了。"

　　在夏天就为冬天做准备，走运时要做倒霉的准备，这是聪明的做法，而且也比较容易做。

见　识

　　未来是不可预测的，人也不是天天走好运的。对于职场人士来说，无论身处何等企业、高居何等职位，都必须有强烈的危机感。在心理和实际行为上有所准备，就能防患于未然，保持清醒的头脑，更好地应付突如其来的变化。或许不能把问题消灭，但却可以把损害降低，为自己打造生路。正所谓"人无远虑，必有近忧"，如果在职场中没有丝毫的危机意识，那恐怕最终必然是要面对危机的。

　　张华自毕业就一直在一家钟表厂上班，工作内容就是在生产线上给手表装配零件。她工作十分认真，操作也很熟练，而且很少出差错，几乎每年的"优秀员工"名单里都有她。但意想不到的事情发生了，企业新上了一套完全由计算机操作的自动化生产线，许多工作都改由机器来完成。而她文化水平本来就不高，在这几年中又没有掌握其他技术，对计算机更是一窍不通，一下子从"优秀员工"变成了多余的人，只能被辞退。

　　张华很是愕然，简直不敢相信这是真的："我工作一直很认真，为什么偏偏是我""这叫我以后怎么养家糊口""难道我真的很差劲吗"……百思不得其解之后，她找到了领导想要一个说法。领导对她多年的工作赞扬了一番，然后诚恳地说："很遗憾，关于引进新设备的计划我几年前就告诉了所有的员工，目的就是想让你们有一个准备的时间和机会，去学习一下新技术和新设备的操作方法。你的许多同事不仅自学了计算机，还找来了新设备的说明书研究，可你没能好好把握。"

　　听了领导的话，张华后悔莫及，如果能够早有准备，如果当初像其他同事那样能够看到未来的危机，也就不会遭遇这样的意外了。

　　职场中，如果你也经常像张华一样被出乎意料的事情搅得惊慌失措，筋疲力尽，那么你很可能是不懂得古人所说的"居安思危，思则有备，有备无患"的道理。我们不妨再看看张华的遭遇，虽然令人惋惜，但很难让我们同情起来，毕竟有着太多她自身的原因。职场时时处处都充满着残酷的竞争，你不懂得居安思危，没有紧迫的危机意识，不奋力向前，就只能被淘汰。

前微软董事长比尔·盖茨就是一个危机感很强的人，当微软利润超过20%的时候，他强调利润可能会下降；当利润达到22%时，他还是说会下降；当成为世界第一的电脑厂家时，他仍然说会下降。他总是告诫他的员工："不论产品多棒，我们的公司离破产永远只差18个月。"这种危机意识正是比尔·盖茨成功、微软发展的原动力。

还有一位国内著名的女性企业家，她在创业早期，虽然经营的公司年营业额高达几千万元，也拥有了美满的婚姻和幸福的家庭，但她从未停止过学习和提升自己的步伐。她说，自己之前只做过三年的广告业务员，至于怎么经营公司，怎么管理员工，完全是从零学起。她常用一句话来激励自己："人生好比金字塔，底座越厚实，顶点就垒得越高。"

正是在这份警醒和居安思危的危机感的鞭策下，她利用业余时间参加了企业管理和广告经营两个培训班，通过两年多的学习，能力得到了很大的提升，她也走得越来越顺利。这位女企业家对自己在感情和事业上所取得的成就感触最深的就是：永远都不要认为可以安枕无忧了，而是要把学习和提高当作一生的任务。

在职场中，我们或许早已习惯了没有压力的工作，甚至认为安全是理所当然的事，危机不可能会发生在我们身上，更没有必要为危机做什么准备。可实际上，即使处在舒适的环境中，我们也应该积极努力地寻找前进的方向，永远保持着一颗"居安思危"的心，这样才能保障自身的长久发展。

正所谓天有不测风云，未雨绸缪者功。有备而行，离功近也。

见　识

望梅止渴，画饼充饥，只能维持一段时间，并不是长久之计。未雨绸缪，则利利索索，成功手到擒来。我们学会居安思危，就是在认真做好本职工作的前提下，要尽最大努力学习工作中需要用到的知识及技能。如果工作中不能满足所需，则可以业余自学或者参加业余培训。再好的电池也有电用光的时候，不断"充电"进行自给，才能不断提高自我价值，不断积累知识、智慧和能力，你才具备强大的竞争力。

奋斗，
但别以钱的名义

　　"经营大王"王永庆曾经给子女写过一封信，在信中，王永庆系统地阐述了自己对于财富的看法："财富虽然是每个人都喜欢的事物，但它并非与生俱来，同时也不是任何人可以随身带走的。人经由各自努力程度之不同，在其一生当中固然可能累积或多或少之财富，然而当生命终结，辞别人世之时，这些财富将再全数归还社会，无人可以例外。因此，如果我们透视财富的本质，它终究只是上天托付作妥善管理和支配之用，没有人可以真正拥有。面对财富问题，我希望你们每一个人都能正确予以认知，并且在这样的认知基础上营造充实的人生。"

　　这封信反映了王永庆对于财富的看法，虽然作为"经营大王"的王永庆对于追求财富可谓是高手中的高手，但是从这封信可以看出，利润和财富并不是他最大的追求。无独有偶，美国首富比尔·盖茨与股神巴菲特也都大力推动"裸捐"，也就是将个人财产全数捐给慈善机构。其中比尔·盖茨决定52岁就引退，在接受访问时比尔·盖茨表示，将把自己580亿美元的财产全数捐给名下慈善基

见　识

金比尔及梅琳达盖茨基金会，一分一毫也不会留给自己的子女。他说："我和妻子希望以最能够产生正面影响的方法回馈社会。"纵观全球，那些大的企业家，在经营中赚取了惊人的利润，但是他们对待财富的态度却空前一致，就是重回报而轻积蓄。

这种对待财富的态度也值得我们每一个人去深思。虽然我们所拥有的财富不能与这些超级富豪同日而语，但是对待财富金钱的态度却是相通的。例如，在职场上，我们为了什么奋斗？为了薪水吗？可是如果我们仅仅将注意力集中在金钱上面，以钱的名义去奋斗的话，我们的眼界和见识就很难真正得到提升。

有一个很简单的道理：要是我们总是为自己到底能拿多少薪水而大伤脑筋的话，又怎么能看到薪水背后的成长机会呢？又怎么有闲暇去理会到从工作中获得的技能和经验会对我们的创业之路带来多大的帮助呢？以钱的名义奋斗，只会让我们困在工资口袋里，永远也不会懂得自己真正需要的是什么。

有学者一日在外散步，忽然，他看见一个巡警愁眉苦脸地站在路旁，于是热心的学者就问他："你这是怎么了？有什么事情让你烦恼吗？"

巡警回答说："我正在考虑我是不是应该换一项工作，我一天到晚地巡逻，腿都快累断了，每天却只能赚到可怜的15美元，我觉得做这样的工作简直就是在浪费时间。"

就在这时，一个灰头土脸的扫烟囱的人嘴里哼着歌走了过来，学者觉得他很快乐，就问他："你扫烟囱一天能赚多少钱？"

扫烟囱的人回答："5美元。"

学者又继续问："为什么你赚得这么少却这么快乐？"

扫烟囱的人惊讶地说："为什么不呢？虽然我没什么本事，干不了什么大事，但我可以用这5美元养活我的家人，我已经很知足了。"

　　警察鄙视地说："只有垃圾才爱干垃圾的工作。"

　　学者严肃地说："你错了，警察先生，他在干着使自己愉悦的工作，因为他觉得这项工作对他来说有意义。但是你呢？虽然你比他赚得多，但你却每天被工作奴役着，看不到自己的方向。我相信，虽然他现在什么都不是，但五年之后，他一定比你赚得多。"

　　赚钱是没有止境的，事实上，在工作中，绝大多数的人都对自己的工资水平和工作状况不甚满意。就像故事中的这个巡警一样，他每天想的只是抱怨自己付出了过多的劳动却得到了过少的报酬，长期处于这样的工作状态当中，又怎么可能在工作中有更好的发展，从而赚到更多的钱呢？

　　可悲的是，这个巡警的心理状态正是现在大多数职场人士的心理状态，也许是快节奏的生活和竞争日益激烈的事实，人们往往将社会看得比过去更冷酷、更严峻，因而也就更加现实，觉得只有拿到了手的，才算得上是自己的。

　　在他们看来，我为公司干活，公司付我一份报酬，等价交换，仅此而已。他们在工作中总是采取一种应付的态度，宁愿少说一句话，少写一页报告，少走一段路，少干一个小时的活……他们只想尽可能快地把尽可能多的金钱拿到手再说，至于是否对得起自己目前的薪水，以及将来的前途，他们从未想过。他们更加没有想过的是，即使他们像那个巡警一样整天嚷着要换个赚钱多的工作，但那些可以赚大钱的岗位却并不需要像这位巡警这样的人。

　　其实，一个人对待工作的态度决定了他生活的质量。无论薪水高低，工作中尽心尽力，积极进取，能使自己得到内心的安宁，这往往是事业成功者与失败者之间的不同之处。薪水只是工作的一种回报方式，对于打算在自己的岗位上创业的我们来说，更应该珍惜工作本身带给自己的除薪水之外的报酬。

见　识

　　例如，艰难的任务能锻炼我们的意志，新的工作能拓展我们的才能，与同事的合作能培养我们的人格，与客户的交流能训练我们的品性。对于期待长远发展的我们来说，我们应当把岗位看作我们成长中的另一所学校，把工作看作个人能力和创业经验的积累。公司支付给我们的是金钱，工作赋予我们的却是可以令我们终身受益的能力。与在工作中获得的技能与经验，以及对我们在岗位上创业的意义相比，薪水上的那些微薄的差距就显得微不足道了。

　　相对于金钱，能力远远宝贵得多，因为它不会遗失，也不会被偷。许多成功人士的一生跌宕起伏，有攀上顶峰的兴奋，也有坠落谷底的失意，但最终能重返事业的巅峰，俯瞰人生。原因何在？是因为有一种东西永远伴随着他们，那就是能力。无论是创造能力、决策能力还是敏锐的洞察力，都是我们在岗位上创业所必需的，只要我们的个人能力达到了一定的高度，使我们可以胜任更高级的工作，金钱自己就会来向我们"报到"。

　　我们要记住，企业或许可以掌控我们的薪水，但却永远无法阻止我们在工作中去思考、去学习、去提高、去养成自己良好的工作习惯、积极的态度和优秀的职业道德，更无法阻止我们获得因尽心尽力工作而得到的能力上的提升。

　　因此，当世界上大多数人都在为了一点微薄的薪水而蝇营狗苟的时候，如果我们能为自己的成长而工作，我们就超越了芸芸众生，也就迈出了在岗位上提升自我价值的第一步。而当我们的工作价值远远超乎我们的薪水之上时，为我们加薪就成了我们的老板应该烦恼的事情了。

辑三

眼光：去见别人所未见，行别人所未行

　　想在几年后站到你想要的"高位"上，当下的你该如何筹谋？

　　有句话说，庸者的眼界是"我能做什么"，能者的眼界是"我要得到什么"。能做，是已具备的能力，如果你只做万无一失力所能及的事，那么你永远无法脱颖而出；而"我要"首先是突破自己的局限，眼光高了，做事的格局就不同，成功的可能性也就越大。

异常走向，
往往正是正确的方向

中国有句古话：置之死地而后生。其最早出自《孙子兵法》，原意是形容已方形势的一种说法：疾战则存，不疾战则亡者，为死地。在这种形势下，只有通过"吾将示之以不活"，激发起士兵的斗志，速战速决，才有可能生存下去，否则只有等死。

对于如今的我们来说，这句话就是比喻把自己放在一个根本没有退路的地方，只能往前，不能往后，拼死斗争，还有可能胜出，否则就只能面临失败。在人生奋斗的道路上遇到困境一筹莫展的时候，我们往往会拿出这句话来激励自己，用以激发自己面对困境奋力一搏的勇气。那么，为什么人们的潜能会在这些时候得到空前的爆发和提升呢？

这其实代表了一种转变的思维模式。有人说，成功与失败最终取决于意志的较量。一个很有名的"锅底法则"说的就是：人生就像一口大锅，当你走到了锅底时，无论朝哪个方向走，都是向上的。最困难的时刻也许就是拐点的开始，改变一下思维方式就可能迎来转机。

某日化企业引进了一条香皂生产线，结果发现生产线有缺陷：

常常有盒子里没有装入香皂。总不能把空盒子卖给顾客吧？该企业于是请来一个学自动化的博士后，让他设计一个方案来分拣空盒子。博士后拉起了几十人的科研攻关小组，综合采用了机械、微电子、自动化、X射线探测等技术，花了几百万元，成功地解决了问题。每当生产线上有空盒香皂通过时，两边的探测器会检测到，并且驱动一只机械手把空皂盒推走。

与此同时，另外一个小企业也购买了同样的生产线，老板发现了这个问题后也很头痛，于是找来了厂里的工人来想办法。最后他们终于找到了完美的解决方法：在生产线旁边放一台电风扇猛吹，空的肥皂盒自然会被吹走。

几个工人花几十元买了一台电风扇，竟然解决了自动化博士后花了几百万元才解决的问题……

这则笑话在博大家一笑的同时，其实也是一则寓意深刻的寓言，它告诉我们：并非高科技的生产线就必须要用高科技的方法去弥补不足，不要被任何先入为主的想法禁锢了头脑，如果能够摆脱头脑中固有的条条框框，就会发现，解决问题的方法居然如此简单。

我们每一个人的思想都有一个环境，那就是我们固有的思维习惯，或者说思维定势，这个环境有时会禁锢我们的想法，限制我们的行动。我们每一个人都要认识到这个问题，避免被这个头脑中的"环境"所奴役。我们日常工作生活中所形成的知识、经验、习惯，都会使人们形成认知的固定倾向，从而影响后来的分析、判断，形成"思维定势"。

而实际上，很多在"定势思维"模式下解决不了的问题，一旦我们改变思考角度，让思维朝着另一个方向"转个弯"，就会发现原来解决起来竟然如此简单。

有一家大型企业需要招收一名开拓性强的业务经理，广告一发出，面试者便蜂拥而至。因为人实在太多，公司确定了下班之前可以免试的人选之后，便通知剩下的应聘者离开。

但其中有一个原本应该离开的应聘者却再也等不及了，因为他身上只剩下最后一天的生活费了，这份工作对他来说意义非同寻常。于是他鼓起勇气，径直来到了保安室，要保安向老板通报：他是外地来的一位客户，看中了公司的某种产品，希望能和老板面谈。

就这样，这个人很顺利地直接见到了老板。在交谈过程中，老板似乎漫不经心地问他是如何避开保安进入公司的，他便把自己刚才的一番经过讲述给了老板听。老板听后大为赞赏，立即就录用了他。后来，他凭借自己在销售领域的出色的开拓能力，很快就被提拔为销售部经理。

事后，老板对他说，是他足够的机智和聪明证明了他能购胜任业务经理的职位。一个优秀的业务人员，就必须具备转变思维模式的素质，在和别人遭遇相同困难的情况下，尤其需要这样一种"剑走偏锋"的智慧。

对于这位应聘者来说，之所以能够鼓起勇气"不走寻常路"，冒险一搏，没有别的原因，就是因为他口袋里已经没有明天的生活费了。我们不妨试想，如果他并非出于这种窘境，口袋里还有足够的生活费，那么他还会不会有勇气去做出这个孤注一掷的决定呢？所以说，凡事无绝对，陷入困境也不完全是坏事，有的时候面对困境反而能够激起你转变思维方式的想法，从而令局面获得转机。

很多时候，我们在遇到挫折和失败或即将遇到挫折和失败，面临强大外在的心理压力的时候，能够做到不气馁，不懈怠，是非常难能可贵的，这是真正强大的意志力。然而更加难能可贵的，是转变思维模式，尝试那些我们不曾尝试过的方向，没准在转变方向之后，我们就会找到柳暗花明的捷径，令局面豁然开朗。

好点子在常规外，
成功在别人看不到的地方

我们都知道，在前行的过程中，如果遭遇逆风，会带来更大的阻力，导致前行的速度减缓，也更辛苦。然而我们也要看到，对于飞机而言，逆风起飞可以缩短飞机的滑跑距离，飞机只需要比较小的地速就可以具有离地所需的空速，使得起飞更加轻松。另外，飞机逆风降落时，也可以借风的阻力来减小一些飞机的速度，使飞机在着陆后的滑跑距离缩小一些，着陆也比较安全。

之所以提到"逆风"，是因为我们在生活和职业生涯中时常会遇到"逆风"一般的不利局面。困境中的我们需要更好的思维方式来看待"逆风"，如果能够做到这一点，看到常人所看不到的机会和点子，那些所谓不利的条件便能够转化成为我们"起飞"的助力。

很多时候，只要我们能够看到别人看不见的东西，想出常人想不到的点子，便能够在奋斗的道路上游刃有余，抓住更多的机会，甚至把遇到的危机变成洗牌的机遇，在逆风般的危机中找到新的发展方向。

南宋绍兴十年七月的一天，杭州城最繁华的街市失火，火势迅猛蔓延，数以万计的房屋商铺置于汪洋火海之中，顷刻之间化为废墟。有一位裴姓富商，他苦心经营了大半生的几间当铺和珠宝店也恰在那条闹市中。火势越来越猛，他大半辈子的心血眼看将毁于一旦，但是他并没有让伙计和奴仆冲进火海，舍命抢救珠宝财物，而是不慌不忙地指挥他们迅速撤离，一副听天由命的神态，令众人大惑不解。

然后他不动声色地派人从长江沿岸平价购回大量木材、毛竹、砖瓦、石灰等建筑用材。当这些材料像小山一样堆起来的时候，他又归于沉寂，整天品茶饮酒，逍遥自在，好像失火压根儿与他毫无关系。

大火烧了数十日之后被扑灭了，但是曾经车水马龙的杭州，大半个城已是墙倒房塌，一片狼藉。不几日朝廷颁旨：重建杭州城，凡经营销售建筑用材者一律免税。于是杭州城内一时大兴土木，建筑用材供不应求，价格陡涨。裴姓商人趁机抛售建材，获利巨大，其数额远远大于被火灾焚毁的财产。

这是一个久远的特例，然而蕴含其中的经营智慧却亘古不变。很多时候，即便是遭遇危机，只要沉着冷静地想对策，打破常规去思考问题，也许就可以看到别人所看不到的契机。

钢铁大王卡内基曾说："任何人都不是与成功无缘，只是大部分人都无法自己去创造机会而已。"相反，那些能够在常规角度之外去思考问题的人，往往能从福祸顺逆中转化机遇，在"不可能"的情况下找到好的点子，创造出新的机会。

加州是美国非常繁华的地区，这里有一个城市，所有适合建筑的土地都已开发，并予以合理利用。而城市另一边是一些陡峭的山坡，无法用作建筑用地；剩下的土地也非常不适合建房，因为地势十分低，每天海水倒流之时，总会被淹没一次。

多少年来，这里都被人认为是不毛之地。然而，一位很有想象力的人来到了这座城市，改变了人们的固有想法。

这个人来到此地不久，就预购了一些因为山势陡峭而难以使用的山坡地面。此外，那些经常被淹没的低地，因为没有太大的使用价值，他也用很低的价格收购了过来。接着，他使用了许多吨炸药，将那些陡峭的小山坡炸成了松土，再用几架推土机将泥土推平，起初的陡坡便成为十分漂亮的建筑用地。

而对于那些地势较低的地方，这个人同样没有放弃。他雇用了一些车辆，将多余的泥土倒在一些低地上，使其超过了水平面。所以，这些土地也成为漂亮的建筑用地。

凭借着这些用地，这个人赚了很多钱。如果你要问这些钱是从哪里赚来的，那么我们只能如此回答：他只是将某些泥土从不需要的地方运往了需要的地方，只不过将某些没用的泥土和想象力混合使用了。

我们一定要明白：做事情一定不能拘泥于固有的观念和大多数人的看法。例如，100个人做事，其中99个人做得都一样，只有1个人与众不同，那么这个人很可能就是那个脱颖而出的成功者。我们不妨看看那些成就不凡的成功者，往往都是那些行动超乎平常人想象的人，如苹果公司的缔造者乔布斯、特斯拉的创始人马斯克、电商帝国的掌舵者马云，他们敢于尝试常人所不敢尝试的东西，因此也取得了常人所无法取得的成就。

很多时候，我们在前进的道路上要学会看到常规之外的东西，这样才能开阔自己的眼界，拓展自己的思维。成功之所以珍贵，正是因为它并非人人都看得到摸得着，如果你感觉自己陷入了困境或是迷失了方向，不妨试着走走那些别人从未走过的道路。

永远不要给自己的未来设限

　　我们喜欢谋划未来，希望能规划更好的未来，可很多时候我们往往会给自己的未来设限，因为种种原因就用一些条条款款来限制自己，设定自己会往某个方向走。这样做的最大害处就是，我们把自己固定在一个框架之中，把自己和未来无限的可能分割开，从而无法发挥自己的潜力。

　　例如，你从小成绩一般，再怎么努力也无法获得第一名。于是，你便在潜意识中给自己加上了限制——我始终无法获得第一名，恐怕只能进入普通大学。久而久之，这种思想就会根深蒂固，影响你之后的行动，从而限制未来的发展。

　　可是你现在成绩不好，无法获得第一名，怎么就能确定将来也无法获得第一名呢？你现在成绩不好，怎么就能确定之后必然无法进入更好的大学？你不拼命地努力，又怎么知道自己做不到呢？这个世界上，没有什么事情是绝对不可能的。除非你自己说自己"不行"，给自己的未来设了限制。

　　一个人给未来设限是非常可怕的，它会让我们产生很多可怕的想法：我未来肯定无法成就伟大的事业，现在这么努力做什么，岂不是白白浪费时间和精力？我只能成为那样的人，就别往其他方向发展了。

　　而这种可怕的想法将压抑我们身上的潜能，消除我们生命中应有的光芒，更会打击我们行动的积极性，让我们变得懒散、消极、不思进取。所以，我们需要谋划自己的未来，但却不能为未来设限，不管这个限制是你自己设置的，还是别人强加给你的。只有挖掘出自己的潜能，充分发挥自己的能力，我们才能释放出惊人的力量，成就无限的可能，造成更美好的未来。

　　辛普生是美国杰出的棒球运动员之一，可是他小时候却是一个身体有缺陷的孩子，甚至连行走都是一个大问题。他出生于旧金山一个破旧的贫民区，父母离异，家境贫寒。本来他的人生就够悲惨了，可上帝好像故意捉弄他一样，让他得了小儿软骨病——这一年，他只有6岁。

　　小小的辛普生身体非常脆弱，双腿虚弱无力，只能用夹板夹牢双腿来勉强走路。由于家庭贫寒，无法得到更好的医治，他只能用坚硬的夹板夹住双腿，勉强练习行走。虽然他顽强地练会了行走，可双腿却因为长期被捆绑而慢慢地萎缩，双脚向内翻，小腿比别人的胳膊还要细很多。

　　面对这样的情况，医生断言他的双腿废了，这辈子只能在床上度过。很多人担心他将来怎样生活，还断言他肯定只能庸庸碌碌地过完一生。然而，他没有放弃自己的人生，依旧坚持练习行走，想要和正常人一样走路。之后，他遇到了旧金山飞人棒球队的运动员威利·梅斯基，并且把他视为最崇拜的偶像，梦想成为伟大的棒球运动员。

　　一个连走路都不利索的、双腿肌肉严重萎缩的人，竟然想成为一名棒球运动员？这个想法真是太疯狂了！所有人都觉得辛普生疯了，就连他的家人都这样想，并且劝他放弃这个不可能实现的想法，安心做一个普普通通的人，能勉强正常行走就好了。

　　但辛普生非常坚持自己的想法，为了实现这一梦想，他付出了难以想象的努力和辛苦。开始，他离开家，学着做一些简单的工作，如到街上去卖报、到池塘去打鱼、到火车站帮别人装卸行李等。这些工作都有利于他锻炼腿部的肌肉力量，锻炼行动的敏捷性。

除了这些，他还时常利用空闲时间到学校的球场练习打橄榄球。我们都知道，橄榄球是一项运动量非常强、体力消耗非常大的运动，尤其是需要很强的奔跑能力。可想而知，辛普生在锻炼的过程中需要付出多少辛苦和努力，可他竟然坚持下来了。经过长时间的锻炼，他终于练就了强壮的体魄，最后成为最出色的棒球运动员。

事后，辛普生感慨地说："在那个艰难的时刻，我时常告诉自己：'谁说我的人生毫无前途可言，不试试怎么知道自己不行？我相信，我能行！'"

是啊！不竭尽全力地尝试，你怎么知道自己不行？你怎么知道你的未来就只有一个可能？辛普生没有给自己的未来设限，所以他才创造了另外一种可能。因此，若是你给自己的人生设限，那么人生的道路上处处都是障碍，你始终无法走出一小片天地。可若是你不给未来设限，那么人生中就没有限制你的藩篱，也就没有什么不可能的事情。

美国思想家爱默生就曾说过："蕴藏于人身上的潜力是无尽的，一个人能胜任什么事情，别人无法知晓。若不动手尝试，你对自己的这种能力就一直蒙昧不察。除了你自己，没人能否定你。相信自己能，便会攻无不克。所以，不要说不可能……"

不给自己的未来设限，寻找一切可以改变自己的机会，然后向着前方努力地奔跑。也许，你的能力不是最优秀的，经验不是最丰富的，技术不是最熟练的，但当你开始尝试着不给未来设限时，你的目光将比常人更透彻，谋略比常人更长远，成就比常人更卓越。如果一个人能够放飞自己的想象力，并且始终告诉自己"我能行"，那么他未来的人生就会充满了无限可能。

用变化的眼光看问题

一位老禅师有一次和一个弟子出游，恰好那天天气特别热，两人走了一段路之后，就上气不接下气，嗓子像冒烟似的难受。老禅师吩咐他的弟子说："我们刚才不是刚刚渡过一条小河吗？那儿的水清澈甘甜，你去弄些来解渴吧。"

弟子就捧着老禅师的金钵去了。过了一会儿，弟子空着手回来了，禀告老禅师说："小河那边有一拨贩卖布匹的西域商人，他们的马在那儿撒欢追逐，把整条小河的水都弄脏了。不如我们再走两个时辰的路，到前面的另外一条小溪去取水吧。"

老禅师皱了皱眉头，回答道："牛羊不吃身边的草，却要翻山越岭吃山对面的沙子，世界上有这样的事吗？我们现在渴得不行，为什么还要走两个时辰的路去找水喝呢？你还是再回去一趟，取些水来解渴吧。"

弟子撅着嘴，心里虽然一万个不情愿，但还是按照老禅师的吩咐回到了那条小河边。但让他大吃一惊的是：才这么一会儿的工夫，原来的那拨人马就都不见了，整条小河又恢复了第一次见到时的清澈和平静，好像什么事情都没有发生过一样。

老禅师的这种智慧其实是一种面对一切境遇都保持淡定的境

界。生活中，每个人都有自己的梦想，在实现梦想的过程中，我们会遇到各种各样的问题。在这个过程中，最重要的是要学会用变化的眼光看问题：没有永远混浊的河水，与其舍近求远地乱碰运气，不如等待一时，世间万物永远都在不停地发展变化，机会总会来临。

古希腊哲学家赫拉克利特曾经用一句名言来描述我们所处的这个世界："人不能两次踏入同一条河流。"对于这句话他是这样解释的：你不可能两次踏进同一条河流中去；因为当你第二次踏进这条河流时，它已经不是你第一次走进时的那条河流，原来的那条河流早就变化了。

这个世界上的一切事物都是时时变化、发展的，这是不以人们的意志为转移的客观规律。正所谓："天不言而四时行，地不语而百物生。"无论在生活还是职场，我们都要学会及时发现这些变化，认识这些变化，从而不断地调整自己，适应这个世界。

古时有"塞翁失马"的故事，讲的正是这种世间万物不断变化的道理，好的事情会转化为不好的，不好的事情也有可能会转化为好的事情。万物生生不息，时刻都在变化之中，我们又何必为一时的失败或者成功沮丧或狂喜呢？只要坚持自己的梦想，时时去努力，事情自然就会朝着好的方向去发展。这其实正符合了付出与收获的因果法则，也是这个世界运转的法则。

这个社会是在不断发展变化的，如果我们总是用老眼光看待新问题，用老方法处理新工作，那么就很难跟上社会的发展步伐。我们在职场上也是如此，只有以变制变才是制胜之道。变则通，通则久，如果一味因循守旧，迟早会被不断变幻的社会所淘汰。

以静止的眼光看问题，在哲学上成为形而上学。我们都知道这是不好的，但在实际工作中，却又会不停地犯这样的错误。这种思维会抑制我们去变通，如果只会一种方法，一条道走到黑，迟早会撞到南墙，头破血流。

马戏团里有一只多才多艺的大象，它可以站在一个小小的木桩上表演吹口琴，很受人们的喜爱。每次表演，它总是老老实实地站在木桩上，而拴着它的只是一根很细的铁链。

于是，有人问驯兽师："大象那么大的力气，它为什么不挣脱链子跑掉呢？"

驯兽员告诉他，在大象很小的时候，他们就用这条细细的铁链把它拴在木桩上，小象的力气那时候还挣不断。经过了一次次失败的尝试之后，小象终于认命地放弃了反抗。等到现在它长大了，已经完全有力量挣脱那条铁链了，它却还以为自己无法挣脱，所以连尝试一下的欲望都没有了。

大象的可悲在于它不知变化。小时候，它力气小不能挣脱铁链，但是现在它长大了，已经有力量了，却还是心甘情愿地被拴着。不变的是铁链，变化的是它自身，可惜它完全没有意识到这一点，任由那条细细的铁链夺去自己的自由。可以说，困住大象的不是铁链，而是它自己的不知变通。

道理虽简单，但在现实生活和职场中，却有不少人看不清事物变化的规律，遇到问题，往往拘泥于自己以前的经验，或者拘泥于固定的视角，没有意识到情况已经发生了变化。很多时候，老方法、老思想已经解决不了问题了，或者已经是低效的了。因此，我们要做的就是及时改变，尝试其他的途径，这才是智慧的执行方式。

无论在职场还是生活中，我们要想做一个成功的人，就要保持清晰活跃的思维。人们常说以不变应万变，其实唯一不变的就是变，唯有变通才能适应社会的日新月异；唯有变化，才能适应不断加剧的竞争；唯有变化，才能适应新情况，解决新问题。

见　识

　　这个世界上不会有一直成功的人，也没有永远失败的人。我们要学会用变化的眼光去看待问题，看待人生。我们在工作中遭遇的每一次困难都是暂时的，生活中遇到的每一次绝境也都是暂时的，都将成为过去，我们不妨把它看作一次挑战、一次机遇，如果你不是被吓倒，而是奋力一搏，也许你会因此而创造超越自我的奇迹。

　　曾经的失败并不意味着永远的失败，曾经达不到的目标并不意味着永远达不到，实在坚持不下去想要放弃的时候，不妨提醒自己：这个世界在变，身边的人也在变，没准下一秒钟自己的机会就会来临。如果选择不断变化的未来，那么你会成为未来的主宰；如果你选择固步自封的过去，那么你将仍然是命运的"弃儿"。

　　有位老太太经常去社区里的水果店买水果。一天，这位老太太又来到店里，问店主："有李子卖吗？"店主见有生意上门，马上开心地迎上前说："老大娘，买李子啊？您看我这李子个头又大，味道又甜，好吃得很呢！"没想到老太太听了却问："有酸的吗？"店主摇了摇头，结果老太太一言未发就走了。店主很疑惑："以前这位老太太不是很喜欢吃自己卖的甜李子吗？这次怎么不买了呢？"

　　后来，这位店主无意中听人说，这位老太太的儿媳妇怀孕了，喜欢吃酸的东西。老太太为了买到酸李子，后来还大老远跑到了水果市场。于是，这位店主专门上网查阅了适合孕妇吃的水果，进了一些放到店里。

　　第二天，这位店主专门注意着门口，因为老太太每天都要从这里经过几次。看到老太太经过的时候，他马上热情地打招呼："大娘您好，我这专门进了些新鲜的李子，有甜的也有酸的，您看看吧。"

　　于是，老太太进来了，他就跟老太太拉起了家常："听说您要抱孙子了，恭喜啊！""呵呵，可不是吗？这不，媳妇喜欢吃酸的，那天我跑了老远才买到呢！"老太太说。店主又说："我后来听说了，有您这样会照顾的婆婆，可真是您儿媳妇天大的福气啊！不过我觉得您去市场很不方便，就专门进了些适合怀孕的人吃的水果，省得您跑那么远。""是吗？"老太太很惊讶，"您真是有心人，都有些什么水果呀？"

店主于是开始给老太太介绍起他的水果来："秋梨可以清热降压；柑橘营养丰富，全身是宝，富含维生素、氨基酸、钙磷铁等成分；无花果可以清热解毒、止泻通乳等。"这一说，老太太大感兴趣："原来还有这么多学问啊！"临走，老太太买了李子，又顺便买了一些猕猴桃回去。

从那以后，老太太一有空就来到这家店里，听店主跟他讲如何照顾孕妇。店主通过网上查询，不厌其烦地给老太太讲解着这类知识。后来，很多人都来听这位店主的"讲座"，发展到别的小区的准妈妈、准奶奶们都慕名而来，自然这家小店的生意也异常火爆了起来。

这位小店的店主及时发现了老太太购买目标的变化，并找到了原因：儿媳妇怀孕了，喜欢吃酸的。于是，他适当地改变了自己的经营范围，在店里增加了适合孕妇吃的水果，并且告诉了老太太很多照顾孕妇的知识，这引起了老太太的兴趣。通过老太太的宣传，还吸引了很多其他的准妈妈、准奶奶们来店里消费，这就是一个小小的以变制变的例子。

在工作中，要始终保持旺盛的斗志和激情，保持活力；在执行每一项任务时，都不要局限于自己昨天的思维。每一天都是新的，每一件工作都是新的，要牢记以变制变才是制胜之道。唯有这样，才能在职场这条鲜花和荆棘并存的路上，走得更加稳健轻松。

分析偶然性，
让成功成为必然

相信很多人对这样一些现象困惑不解——为什么做同样的一件事，别人总能做得如愿以偿，春风得意，自己却怎么努力都做不好呢？为什么自己没日没夜地奋斗，工作多年依然默默无闻、屡受挫折，有的人却成为佼佼者，不停地创造着奇迹……于是，不少人开始抱怨命运不公，抱怨生不逢时。

真是这样吗？未必！告诉你，在一个竞争激烈的领域里，你若是和别人比辛苦，人家干五个小时，你就干十个小时；人家干十个小时，你就干二十个小时，那么即使累死也赚不了多少钱。因为量的叠加不一定带来质的变化，许多人穷其一生难以翻身就是误在这里，所经历的迷茫和窘境也正归咎于此。

面对一个全新的社会，我希望所有人都能及时觉醒，用更新的眼光看清这个社会并不是全靠努力和辛苦赚钱的，有时候比的是谁能抓住"风口"的能力。"站在风口，猪也能飞起来"，这是小米科技创始人、著名的"雷布斯"的名言。"风口"说白了就是一种因势利导，做一件事，创一个业，好的时机很重要，即所谓的天时。

　　这样的现实案例很多，有些人之所以更快成功，就在于他们最先敏捷地看到了一种发展趋势，并对有利的形势巧妙地加以利用。一旦率先抓住了"风口"，你完全不用很辛苦，很卖力，只需要做得比竞争对手好那么一点点就行了，如此你就会咸鱼翻身，实现鲤鱼跳龙门，取得更高的成功概率。

　　彼得·林奇是全球基金业历史上的传奇人物，由他执掌的麦哲伦基金13年间资产增长了27倍，创造了共同基金历史上的财富神话。在著作《彼得·林奇的成功投资》和《战胜华尔街》中，彼得·林奇说自己的投资智慧是从最简单的生活方式中体验的。

　　彼得·林奇喜欢逛街，在书中他讲到了一个美体小铺的10倍股公司，就是通过他的女儿和夫人逛街的时候，发现这个产品不错，就注意到了这个公司，进而研究这个公司，发掘了10倍股。而且他尤其热衷于买消费类的股票，如航空、餐饮等。请注意，彼得·林奇担任基金经理是在20世纪70年代到90年代，当时美国私人消费的支出有非常快速的上升。所以，彼得·林奇经常能发掘出10倍股。

　　一个时代无论怎样发展，注定会有1%的精英在上层领头，所以成功具有必然性。但可能有10%的人具备和他们伯仲之间的能力，为什么成功者却只有那1%？因为成功又具有偶然性。偶然，代表着突然出现，代表着意想不到，然而偶然并不是真的偶然，成功从来都不相信偶然，而是站对了"风口"。

　　兵法曰："能相地势，能立军势，善以技，战无不利。"那么怎么找对"风口"呢？这就需要我们学会审时度势，即站在宏观的位置上，以全局的眼光，在纷繁复杂的环境中，及时准确地预见发展趋势，时刻考虑世界、国家和时代在发生什么？现在市场上各种各样的事情里面，将来十年八年、三四年、两三年能发生的最大变化是什么？整个市场上、大环境最大的变化是什么？

　　皮尔·卡丹是意大利知名服装设计师，1950年，他在法国创建了以自己的名字命名的"皮尔·卡丹"服装公司。当时世界第二次世界大战刚刚结束，巴黎经济萧条，普通老百姓紧衣缩食，只有有钱人才讲究服装搭配。根据这一消费市场，皮尔·卡丹设计的是在金字塔顶端的高档时装，"高尚""大方""优雅""豪华"，这些服装一经推出，演艺界名流、社会上层人士、达官显贵等为之倾倒，争相慕名前来定制。一时间，皮尔·卡丹成为法国时装界"先锋"派的重要代表人物，引领着服装时尚潮流。

　　随着法国经济的迅速复苏，普通老百姓的生活水平不断提高，对服饰文化层面也开始有所要求。此时，皮尔·卡丹意识到目前这些服装的天价绝对不是一般人能够消费的起的，"只有面向众多的消费者才有出路。因为只有扩大消费面，才可能使它产生普遍和广泛的影响，并经受更大的考验"。于是，他毅然提出了"成衣大众化"的口号，将自己设计出的高雅、领导潮流的新颖时装进行了批量生产、加工，并本着"薄利多销"的经营原则，投放到了"大众化"的市场，使更多的人穿上时装。

　　数年后，"皮尔·卡丹"商标品牌的服装得到了大众化普及，牢牢地占据了时装品牌的宝座。这时，皮尔·卡丹意识到服装一旦普及，必定会有人仿制抄袭，于是他决定改变自己的经营策略，向全世界宣布征召加盟商，大卖"皮尔·卡丹"商标的使用权，而且商标不仅仅限于服饰，使用者什么行业的都有，如自行车、香烟、儿童玩具、床上用品、化妆品……通过转让商标，"皮尔·卡丹"遍布世界五大洲的80多个国家里，拥有5000多家"皮尔·卡丹"牌的专卖店，20多万名员工，总资产高达10亿美元。

　　在高档服装风靡之时，皮尔·卡丹意识到普通民众对服装的渴望。服装市场的大众化趋势，成功使"皮尔·卡丹"得到了大众化的普及，占据了时装品牌宝座。在普及后，皮尔·卡丹开始卖"皮尔·卡丹"的商标使用权，这不仅使"皮尔·卡丹"免于被大肆仿制的抄袭之险，而且得以迅速扩张，缔造出了庞大的"卡丹帝国"。

皮尔·卡丹这一系列做法，无不渗透着对市场的详细分析和精准把控，直至今日仍值得人们借鉴学习。

俗话说"知己知彼，百战不殆"，时机总是不断变化的。要想抓住机会，使个人成功地扶摇直上，不妨订阅一些与本行业相关的期刊、杂志、报纸等，也可以浏览、关注相关的网站、公众号等，及时了解行业的最新信息，分析那些成功人士的经历和决策，并最终找出其中的规律和趋势，从而发现自己成功的"风口"。

学会"共赢"，
才是真正的赢家

萧伯纳曾经说过，假如你有一个苹果，我有一个苹果，当我们交换之后每人仍然只有一个苹果；但是，如果你有一个思想，我有一个思想，当我们交换之后每人就会有两个思想。这其实是一种合作共荣的心态和智慧。这种心态也可以称为共赢心态，是一种基于互敬，寻求互惠的合作意向，目的是获取更多的机会、财富及资源。

无论是在生活中还是在职场中，我们都要清楚地认识到所存在的激烈而残酷的竞争。与老板、与客户、与同事、与下属、与对手，我们都要摆正竞争与合作的关系，以利人利己的共赢心态去彼此相处，做大事业，而不是以"杀敌一千，自伤八百"的赌气竞争心态，最后两败俱伤，可以说这是典型的"鼠目寸光"。

曾经有一位非常喜欢喜剧的富翁，不顾亲朋的反对，毅然选择一处并不热闹的地区，兴建了一所超水准的剧场，然后邀请著名的戏剧明星来表演。附近的人听说这个消息之后，也不顾路途遥远，专门跑过来买门票观看戏剧。

奇迹出现了。剧场开幕之后，附近的餐馆一家接一家地开设，百货商店和咖啡厅也纷纷跟进。没有几年，那个地区竟然异常繁荣，剧场的卖座更是鼎盛。

　　"看看我们的邻居，一小块地，盖栋楼就能出租那么多的钱；而你用这么大的地，却只有一点剧场收入，岂不是太吃亏了吗？"富翁的妻子对丈夫报怨。"我们何不将剧场改建成商业大厦，也做餐饮百货，分租出去，单是出租就比剧场的收入多几倍！"

　　富翁想想确实如此，就草草地结束剧场，贷得巨款，改建商业大楼。

　　不料楼还没有竣工，邻近的餐饮百货店纷纷迁走，房价下跌，往日的繁华又不见了。更可怕的是，当他与邻居相遇时，人们不但不像以前那样对他热情奉承，反而露出了敌视的目光。"

　　富翁终于想通了，是他的剧场为附近带来了繁荣，但也是繁荣改变了他的价值观，更由于他的改变，又使他失去了繁荣。

　　双赢之所以是财富的源泉，就是因为双赢是在确保对方赢的前提下，自己才赢。双赢的基点是建立在人们道德中最原始、最重要、最根本的良心基础上的，只要你将心比心、将心换心、将心论心，就不难发现它、理解它。

　　学会用"双赢"的目光看待问题，不但能给我们带来物质上的财富，而且能给我们带来精神上的财富，使我们在当今的生活和工作中，无论遇到什么艰难困苦，都会乐观向上，积极进取，实现精神财富到物质财富的转换，物质财富到精神财富的飞跃，进而使双赢成为我们取之不尽，用之不竭的财富之源。

　　生活中我们都会有这样的体会：越想赚钱的人，反而赚不到钱；在买卖中把握双赢原则的人们，则通常会把生意越做越大，从而赚到更多的财富。许多精明的商人都懂得"一笔生意，两头赢利"的赚钱之道，这也是完全符合现代经商原则的。利益会在向合作伙伴提供喜悦和方便的过程中产生，一个只想着索取而不愿意付出的人永远也体会不到成功的喜悦。

蒙牛总裁牛根生深谙竞争与合作的道理。在早期蒙牛创业时，有记者提问：蒙牛的广告牌上有"创内蒙古乳业第二品牌"的字样，这当然是一种精心策划的广告艺术。那么请问，您认为蒙牛有超过伊利的那一天吗？如果有，是什么时候？如果没有，原因是什么？

牛根生答道："没有。竞争只会促进发展。你发展别人也发展，最后的结果往往是'共赢'，而不一定是'你死我活'。一个地方因竞争而催生多个名牌的例子国内国际都有很多。德国是弹丸之地，比我们内蒙古还小，但它产生了五个世界级的名牌汽车公司。有一年，一个记者问奔驰汽车的老总，奔驰车为什么飞速进步、风靡世界，奔驰老总回答说'因为宝马将我们撵得太紧了'；记者转问宝马老总同一个问题，宝马老总回答说'因为奔驰跑得太快了'。德国只有六七千万人，五个汽车公司竞争的结果是，它们不得不把目光从德国移向全世界，结果，五家公司都成为世界级名牌。日本的情况也是这样，像丰田呀，松下呀，都是在竞争中共同取得了超常进步。美国百事可乐诞生以后，可口可乐的销售量不但没有下降，反而大幅度增长，这就是由于竞争逼使它们共同走出美国、走向世界的缘故。"

在牛根生的办公室里挂着一张"竞争队友"战略分布图。牛根生说："竞争伙伴不能称之为对手，应该称之为竞争队友。以伊利为例，我们不希望伊利有问题，因为草原乳业是一块牌子，蒙牛、伊利各占一半。虽然我们都有各自的品牌，但我们还有一个共有品牌'内蒙古草原牌'和'呼和浩特市乳都牌'。伊利在上海A股表现好，我们在香港的红筹股也会表现好；反之亦然。蒙牛和伊利的目标是共同把草原乳业做大，因此蒙牛和伊利是休戚相关的。"这就不难理解，在伊利高管出事以后，牛根生和他的蒙牛为什么没有落井下石，反而说了很多好话。

我们不妨把这种"共赢"的眼光运用到生活和职场中去。我们常说："帮助别人就是帮助自己。"在我们前进的道路上，搬开别人脚下的绊脚石，有时恰恰是为自己铺路。

一位智者说过：人们在一起可以做出单独一个人所不能做的事业，智慧、双手、力量结合在一起几乎是万能的。人们常因成就自己而造就别人，又因别人的成就而实现自己的梦想。在这种改变中，你如果不让别人赢，可能你也会输掉了自己。由此可见，"赢"的真正意义是实现目标，而不是两个对立的双方争个你死我活，所以若用合作代替竞争，便能在有效的时间或较短的时间里达成更多的目标，甚至有意想不到的收获。

一个人要想在事业上有所建树，固然要依靠自己的努力，但是，我们也知道，除了自己努力之外，还需要与他人的合作。一个人如果只知道单打独斗，没有借助他人合作共赢的眼光，那么，他努力的成绩会相当有限并且缺少宝贵的友情和人脉。

在如今这个知识经济时代，竞争已经不再是关键词，取而代之的是合作、共荣、共赢等字眼。科学技术的迅速发展，使得行业分工呈现出越来越细的局面，专业化人才必须互相合作，才能取得最大的效益。所以，无论是做人还是职场打拼，我们都要拥有"风物长宜放眼量"的眼光，不要过于看重眼前的利益，善待我们身边的人，无论是朋友还是对手，用合作共赢的心态去面对，做到了这一点，我们自然能够成为一个左右逢源的成功人士。

辑四
思维：拆除头脑禁锢，升级你的“人生操作系统”

人生好与烂，思维说了算。

卓越与普通的根本区别，不在于学历的高低，阅历的深浅，而在于思维的不同。

我们生命所呈现的每一种结果，都取决于我们的行为，而我们的行为则取决于我们的思维。所以你的思维如何运转，你的人生就会如何运转。

将"经验"误以为是"真理"，
十分危险！

　　经验是什么？是"过来人"根据自身所处的环境及自身的主观意识总结出来的，因为"过来人"实践过，他自己凭经验走得通，所以便会有很多人将"经验"当作"真理"来运用，于是便有了"我吃的盐比你吃的米都多"之类的有经验者的谈资。

　　生活中，凭"经验"买菜、做饭、打扫卫生……于是"经验"发挥了它最大的功效；不过，在工作中，一些"经验"往往会成为前路的绊脚石，不忍舍去，却觉得不可行，使你处于两难境地。这是为什么呢？细细想来，原因应该是生活琐事往往是一些重复性的动作，而工作的思维模式需要更多的创新、变化。

　　其实，一个人的成功往往取决于你是否敢于迈开第一步。现代社会，老一辈的经验可以借鉴，也可以择优运用，但万万不能照本全搬，把经验当成真理。很多大学生毕业后就会出现这样的问题，他们常常会说："我就是这样学的。""以前谁谁就是这么做的。"课本是经验的总结，"过来人"也有自己的生存技能，但人生存的社会是多变的，必须要活学活用，懂得变通。

　　有些时候，经验不仅不会给人带来助力，反而还会让人或畏首畏尾，或自我满足，甚至会带来危险。举个最简单的例子，一家人人都推荐的餐厅你可能吃上几次也就不想去了，那是因为人的口味在满足之后就会提升，再好吃的饭吃得久了也会觉得厌烦。同理，工作中碰到的问题从来不是一成不变的，遇到一些问题时，打破常规的思维方式，往往能更简单、更有效地解决问题。

某地科学家曾经做过一个简单的实验，他们把一只苍蝇和一只蜜蜂分别放进两个透明的玻璃杯中，然后将玻璃杯倒扣在桌面上，边缘留出足够飞出的位置。

苍蝇很快通过出口飞了出去，而蜜蜂还在不停地撞着杯壁。为什么会出现这样的现象呢？原来，它们的独特飞行原理决定了它们是否能逃脱：蜜蜂的飞行特征是一直迎着阳光飞，所以它总是向上，总是撞在杯壁和杯底；而苍蝇是横冲直撞的，它东飞西飞地试探，最后找到了出口。

正如人一样，同样的工作摆在面前时，循规蹈矩且经验丰富的人往往会按部就班地处理，这样解决的问题可能不会出现什么大漏洞，但极有可能给人温温吞吞的感觉。而且这样的人一定不会在公司有大的发展空间，他的目的也往往是保住工作，而不是提升自我。对于公司而言，这样的人也是可有可无的存在，又怎么可能得到赏识呢？

某牙膏公司濒临倒闭，公司高层已经连续开了两天的会，可还是没有结果。于是，总经理决定集思广益，他在公司公告栏上发了一个通告：

各位员工，现在公司效益不是太好，请大家各想办法，看看有什么办法可以提高业绩，公司高层也会根据点子的效用给予奖励。

就在通告发出的那个下午，一位年轻的主管就找到了总经理，他说："我有办法挽救公司，但是我需要成功后给我这个点子10万元的奖励。"

总经理大吃一惊，问："为什么？奖励是我们定的，只是适当鼓励，并不能出那么高的价格；再说了，为公司服务是员工的责任，我按时给你工资，只是一个主意你怎么就敢要10万元？"

年轻的主管笑笑说："我是说如果公司业绩因为我的点子提升了，那您就给我奖励；如果没有，那您可以不出钱呀。"

"你先说说看！"总经理心里有些暗暗佩服这个年轻主管的胆量了。

"将现有的牙膏开口扩大一毫米！"年轻主管拿出了一张图纸递到总经理面前。

总经理看完图纸，立刻开了一张10万元的支票给他。按照他的主意生产出的一批牙膏，一上市就受到了人们的好评，公司迅速扭亏为盈。

职场就像战场，凭以往经验来判断战术最终肯定会吃亏的，甚至将自己置于危险之中。开阔眼界，更新思想，让经验成为创新的基础材料，便会使你在职场中立于不败之地。对于刚毕业的大学生而言，书本是经验，而学以致用、充分实践便是在增长见识；对于一位有经验的老职员来说，将自己的经验变成阅历，取其精华便是增长见识。

拆掉经验对你头脑的禁锢，勇敢地迈出创新的一步，你定会创造一个新天地。

在多变的世界里，
做一个"善变"的思考者

　　1987年，自第一代手提电话大哥大进入中国，到现在短短的三十年间，通信工具发生了翻天覆地的变化。期间，小灵通、BP机，这些曾经兴盛一时的产品也在转瞬间消失。这个世界的变化多么快呀，如果你是一位守旧者，那你肯定就会成为被淘汰者。

　　这个世界容不得你的半点懒惰，谁曾想到现在一分现金不拿就可以走遍世界？谁又曾想象得出无论你身在何处，一个视频电话就可以面对面交谈？更想象不到足不出户物资也可以送到家中来……世界在变，想要跟上这个变化的世界，就要有一颗"善变"的心。

　　俗话说："少数服从多数。"但现在的社会往往会少数优先，在商界打拼的人一定会知道一个道理——"一招先，吃遍天"。在任何领域，第一个吃螃蟹的人一定会开创别有洞天的奇迹。人的思维便会在此发挥重大的作用，灵活多变的思维模式，使得思考者站到顶峰。

　　宁宁是一位朝九晚五的办公室小白领，看似体面，却活得像个

见　识

机器人。

　　工资除了偶尔上调些之外，总是一成不变的，虽然供衣食没有问题，但也不能活得多么精彩；偶尔在公司混几顿工作餐，却总提不起胃口；心烦了与同事一起逛个街，聊个闲天，日子就这么一天天地过去了。

　　有时候，宁宁一个人发呆，难道自己就这样一直混到老吗？未来是什么样子，一想就摆在眼前也是很可怕的事儿呀！宁宁总是安慰自己：就这样吧，日子要过，班要上，什么未来，先看眼前吧。

　　一天，宁宁又像往常一样与同事订快餐，也像往常一样唠叨快餐店老板黑心。一个同事说："真是烦人，干脆咱有点骨气，就不订他家的了怎么样？"

　　宁宁附和着一笑，突然，一个大胆的念头在她的头脑中浮现出来。她想：我何不做一个中介人，根据同事的需求给快餐店下单，然后自己从中收提成？宁宁拿出纸算了一下，感觉这肯定是一笔不小的收入。万一这个办法不可行，大不了重新找工作，再做一个上班族呗。

　　于是，宁宁写了一封辞职信，买了一台电动车，开始了她的外卖生活。

　　这样的生活与办公室白领相比算不得体面，而且也相当辛苦，无论烈日炎炎还是刮风下雨，她骑着电动车一刻也不停。但是，月底宁宁算了一下收入，欢喜极了，一个月下来收入了小万元，是她以往工资的两倍呀。

　　几年后，宁宁开了连锁店，聘了一些年轻人，自己当上了老板。宁宁现在不知道她的未来是什么样子了，但她相信，一定会更美好！

　　人常说："没有做不到的，只有想不到的。"很多人往往会受到家庭、社会等多方面因素的影响，守着自己的一亩三分地，不敢迈出一步，自己的思维同样被禁锢，像井底的青蛙一样，只能看到巴掌大的天儿。

　　像宁宁一样，如果像那些嘴上唠叨却从不想如何改变现状的人一样，那她的生活肯定不会如此多彩。做一个"善变"的思考者，你会发现世界给你提供了很多机遇，你迈开脚时就注定走向成功了。

　　职场中，很多老板会问员工："你对此有什么看法？"一些故步自封的人常常会答一句："我跟您想的一样。"以为自己的回答会让老板满意，但他不知道，老板之所以问，就是想要得到一些新的点子、另外的创意，而不是想要证明自己的想法多受欢迎。

　　有些人看到这个观点时一定会想：不对，老板一般都不喜欢听员工的否定意见，如果员工比老板还要聪明，那员工的日子肯定不好过。当然，有些老板可能会是"曹操"，不过如果你的老板是"李世民"呢？那你的多思多想定会成为你升职加薪的云梯。最重要的是，你是一位思考者，你有创新的思维，但你的情商、见识总不能太低吧？你的老板是什么样的人，与老板的对话应该怎样开展同样也要在你的思考范围之内。

　　小谨并不谨慎，他是一个从来不会墨守成规的人。

　　从小，小谨就是一个不喜欢按常理出牌的人，很多人听到他的想法后，都会觉得莫名其妙，甚至还有人笑他异想天开。但是，正是他这种"善变""敢变"的性格，成就了他自己。

　　不跟风不随大流的个性，成就了他自己，也成就了宝丽来的台湾市场。

　　最开始，小谨没有纸上谈兵，而是在台湾做了一番市场调查。当时，台湾眼镜市场出售的大多是一些低廉的便宜货，价格自然不高，同样质量也不好。

见　识

　　于是，小谨将宝丽来带到了台湾，而且在创店之初他就跟员工强调：任何在台湾出售的宝丽来眼镜都不准降价或者打折出售。

　　宝丽来虽然价格高出台湾眼镜市场的均价很多，但它的功能、质量等同样吸引人，所以很快宝丽来便在台湾站稳了脚，同时宝丽来成为和劳力士、欧米茄一样的高档品牌。

　　小谨从最初产生想法，然后调研、思考等已经确定，人们的生活水平明显提高了，所以人们不会以一点差价而放弃高品质的东西，人们也有能力购买了。在经过一番深思熟虑后，小谨才大胆进入且制定规则。

　　职场如战场，遇到问题的时候，如果还拿出相同的战术，像套公式一样生硬地套进去，那这些问题解决得一定不会完美，因为世界上没有一个问题是一样的，总是有着或大或小的变化。不敢打破固有的思维方式，不能够推陈出新，那一定不会找到那条最适合自己的路。

　　著名的毛毛虫实验就是很好的证明。

　　实验者将许多毛毛虫首尾相连围成一圈放在一个花盆边缘，毛毛虫便沿着花盆开始爬行。

　　实验者在离开花盆不远的地方撒满毛毛虫喜欢吃的树叶，但毛毛虫似乎并不在意这些，依旧沿着花盆一个紧接着一个地爬。

　　一个小时过去了，一天过去了，七天过去了……

　　毛毛虫始终没有离开花盆，有些已经因为饥饿疲惫而死，死的时候没有一条毛毛虫偏离爬行的轨道，依旧是首尾相连的方式死在了食物旁边。

　　其实，生活中很多人就像这个实验中的毛毛虫一样，以为自己一直在前进，其实只是原地打转，机遇就在身边却与它擦肩而过。看看身边的一些人，天天抱怨加班太多，工作辛苦，家庭琐事让人烦躁，却从来不去思考如何改变。

　　"条条大路通罗马"，可有些人明明知道自己在绕圈圈却没有勇气离开那个圈。世界如此多变，如果不打破陈旧的思想，去掉禁锢，善思善行，那好风景永远是别人的，自己也只能做一个"吃不饱饿不死"的碌碌者，思想决定眼界，思维决定见识。

换位想想，
为何你的努力别人不买账

销售业常常会遇到这样的问题，同样的产品，同样的工作时间，有些人成为销售冠军，有些人就因为一单没有而整日发愁，而这些人也往往是天天抱怨满口，"怼天怼地怼空气"，就是不怼自己。一位职场专家说："把精力集中在重点问题上，从重点问题上寻求突破，是解决问题的关键。"与其陷入困境中，不如换位思考，为什么你的努力别人不买账呢？

举个简单的例子，北方人喜欢炖菜，认为大鱼大肉最有营养；而南方人喜欢煲汤，觉得汤水容易消化、吸收。没有人针对这些事评判对错，确定的说那是一种思维定式，是经过长年累月的积淀而形成的。一个人的思维习惯一旦形成，也是很难去更改的。

生活中的思维习惯并无对错可言，但职场中的思维习惯可是会直接影响你的未来的。一个总是对客观条件抱怨连连，怎么会有心思想主观存在问题？一个眉毛胡子一把抓的人，怎么还有抓重点的空暇？这样的结果只能是自己付出的努力收不到回报，进入恶性循环的怪圈之中。此时，不如解开头脑的禁锢，换位思考一下，自己该如何努力才能得到老板的赏识、客户的认可。

凯文就职于一家小航空公司，他很擅长理性思考问题，而且头脑灵活多变，入职后很快就得到了老板的赏识，任命他为市场部主管。

三年后，小航空公司被一家大型的航空公司并购，由于凯文的业务熟练，业绩突出，而且非常善于解决经营中的问题，所以很快也受到了新公司的重用。

凯文担任了公司的运营部经理一职，他灵活多变的头脑和踏实肯干的工作态度很快给公司带来了效益，公司领导给予了凯文所在部门嘉奖。

又一年过去了，公司又并购了一些小民航公司，但小民航公司存在的问题实在是太多了，并购前他们就因为经营不善造成连年亏损，甚至入不敷出。面对这个棘手的问题，公司高层便委派凯文担任该民航公司的总经理。

凯文到任后的第一时间就迅速找出了该公司经营中的问题：该公司航班的票价早晚高峰时间与中午空闲时间一样，这样就造成了一些尴尬局面。着急出行的旅客在同等票价的情况下会选择一些较大公司的航班，而那些游玩的旅客也会因为票价统一而选择有折扣的航空公司。一来二去，该公司便门可罗雀了。

于是，凯文第一时间将中午和晚间的班机票价打了折扣，并在一些媒体上发布了广告。消息一出，果然不出所料，大批旅客开始选择这个公司的航班。短短三个月，公司便扭亏为盈，开始了赢利。

凯文并没有满足于这个小小的成绩，他对客流量做了统计调查，发现公司中一些大型客机并不受欢迎。多数旅客不太喜欢转机，都想乘坐直达班机，但超大型的飞机因为机场条件限制，有些地方是不能直达的；而大型客机能直达的地方，小型客机也可以做到，最重要的是客流量并没有那么大，大型客机的运载量还不足半

见　识

数。这样看来，大型飞机的问题显而易见了，既消耗了大量的成本，而且旅客还不买账，不如不飞。

于是，凯文果断地停飞了大型客机。季度汇总时，果然凯文的决策又起了成效，公司的利润现在十分可观。

凯文就是一位不停思考的人，面对问题，找出症结，然后换位思考，找到解决方法，如此他的做事效率自然会很高，收益自然也会更大。

我们的工作之所以总是会遇到困顿，就是因为我们不懂得思考，找不到问题的关键。归根究底，还是我们的思维方式有问题，虽然做了很多努力，却总是找不到问题的症结，俗话说的"难者不会，会者不难"其实就是这个道理。就像解鲁班锁一样，你研究了三天三夜，想了很多办法；而另一个人一拿到就扣动了那根关键的小木棍，你说别人会夸奖谁呢？自然不会夸奖付出了更多努力的你，而是表扬找到机关的他。

做事情也是这样，想要得到别人的认可，不是看你做了多少，而是看你做对了多少。所有有见识的成功者都已经形成了一种习惯，就是找到问题的关键点。

李明毕业后不久，就在自己的家族企业中任职。自从工作以来，他就变得忧心忡忡。因为公司规模很大，人员结构复杂，每天各种事情就如同雪片一样纷飞着，让李明头晕。

为了缓解心理压力，李明找到了一位专家。这位专家是著名的效率专家，对于如何排解压力、提高效率方面有着自己独到的见解。

专家听完李明的苦恼后，说："现在，我用10分钟的时间来教你，你学会这一个方法，便可以把工作效率提高50%。如果觉得我的方法好，就给我寄一张支票，数字你定。"

"10分钟？50%？"李明十分惊讶地说，"那您说吧。"

这两个数字把李明的胃口给吊了起来，他急不可耐地想知道这个神奇的方法。

专家笑笑说："我们的会面结束后，你就开始梳理你明天需要做的工作，然后给每一项工作都排上编号，按照重要程度，最重要的排在最前面，然后依次类推。明天一早，就按你的编号开始工作，做完一件再做另一件，不要急，也不要想着自己还有多少工作没做完。"

李明点点头，专家继续说："当然，如果你安排不当，或者出现了特殊情况，如你的第一项工作就已经用了一天的时间，那么也不要急，剩下的可以类推。但是，前提是你的第一项工作必须是最重要的。"

"好的，"李明说，"这样就可以提高工作效率？"李明还是有点不相信。

"是的。"专家点点头，"你只要坚持下去，将它变成习惯，久而久之，你就会发现，你的工作效率大大提高了，心理压力也缓解了。当然，如果你实践后这个方法很好，你可以推广到你的公司，对此，我是不吝啬的。"

李明送专家离开办公室后，就按照专家的方法去做了。大约一周后，他就给专家寄出了支票，上面填上了一个不小的数字，而这个数字远远超出市场通用价格。

那是因为，李明严格地执行了效率专家的方案后，他烦躁的情绪稳定下来了，很快地处理好了企业中的繁杂的人际关系，最重要的是工作效率果然提高了，一周时间里竟完成了两周的工作量。

半年后，李明将这一方法推广，现在这一方法成了李明公司的企业特色。

世界上任何事都有它的解决方法，只是看你能不能抓住关键点。事实上，同样的时间，同样的工作量，有没有分清轻重缓急所带来的结果会有着巨大的不同。如果你的思维习惯是多变的，懂得灵活换位思考，那你的努力也自然会得到别人的认可。

职场多变，事情自然错综复杂，遇到问题时，何必怨天尤人，烦躁不安？不如沉下心来，换位思考一下，抓住关键，有针对地解决，这样，你的努力大家都是有目共睹的，自然你的努力别人也会买账。

相信自己的判断，
大胆地做出反常行为

　　很多时候，我们都觉得事情早已习以为常你却觉得哪里不对时，你一定会奇怪地想：这是哪里不对呢？有了这一思维反射后，很多人选择了认可——"管他哪里不对，大家都没觉得奇怪。"而少数人选择了一探究竟。当然，也就是那些少数人成为最终的成功者。

　　外面晴空万里，你却觉得可能会下雨，于是你拿伞出门，而那时大街上一个拿伞的人都没有，你就会犹豫，甚至将雨伞又放回去，特别是当有人笑你"晴天拿伞"时，你更会丢下雨伞。无论是哪一种情况，大雨倾盆时，你的确是没有了遮雨的工具。其实，有些时候一定要相信自己的判断，大胆地做出所谓的"反常"动作，你可能就会离成功更近了一步。记住：成功的路上并不拥挤，因为很多人缺少了勇气。

　　我们观察自然界就会发现，许多生命体在最初生长时很迅速，看着就有那么一股冲劲儿，可是它们生长到一定阶段后，就会被一些东西牵绊住，因为它们已经拥有了，自然就形成了一些习惯，坚守了一些信念，而这些东西就成了它们继续生长的牵绊。此时，如果没有突破，没有追求，没有了对待问题的反常行为，那生命体自然就进入了停滞休眠期了，又何谈生长呢？

保险现在已经被很多人熟识，但在全球寿险界，有一个人不得不提，她的名字叫柴田和子。柴田和子的销售业绩无人能敌，曾经连续16年蝉联日本保险界销售冠军。

在进入保险界之前，柴田和子曾是一名专职家庭主妇。1966年，柴田和子结婚生子后，辞去了工作。四年中，她哺育了两个幼儿，一直没有工作，她的性格本来就内向而害羞，婚后也只想专心在家里当一个家庭主妇，安安稳稳地过日子。

但是，婚姻爱情的甜蜜是不能换来面包的，生活对她并不留情，只靠丈夫一人的收入，他们的生活陷入了捉襟见肘、寅吃卯粮的赤贫状态。

柴田和子看着日益憔悴的丈夫，打算重新开始工作。此时，她表妹的朋友向她介绍了保险行业，也正从此时，柴田和子的事业开始蒸蒸日上。

柴田和子进入了日本"第一生命"保险新宿支社，她虽然之前对此一无所知，而且也从来没有想过要把保险作为自己的职业，最重要的是她与很多人一样，对这份工作没有一点好感。但是，为了解决现在的赤贫状态，给丈夫减轻压力，也为了自己和家人，她决定彻底地改变自己，既来之则安之，而且要把它做到最好。

很多熟识柴田和子的人都不看好她，因为她的性格根本与保险推销这个行业格格不入，平日连说话都不敢大声的柴田和子为什么会做出这个决定，很多人不理解。

入职后，柴田和子拼命学习各种理论知识，将知识化入自己的头脑中，同时也强迫自己去喜欢这个行业，从正面思考"保险"的真正意义。

这些对柴田和子而言还是可以接受的，对于她来说，最难的就是硬着头皮每天去拜访不同的客户。最初接触客户时，她心中发抖，说话声音也很抖，有些刻薄的客户因为某些词听不清还投诉了她。

但是，后来，柴田和子拼命练习，强迫自己改变性格。渐渐地，她变得热情洋溢，开始积极主动地寻找客户、面对客户。她还学习了很多谈话技巧，如"红灯话术""猴子话术""激战话术"等，很快柴田和子成了众人眼中能说会道、舌灿莲花的人。

有些客户经理嫉妒柴田和子的改变，还偷偷叫她"疯女人"。但是，也正是这个反常态的"疯"成就了柴田和子，她在公司的业绩节节高升，收获颇丰。

柴田和子在家庭陷入困境时，做出了大胆的决定，这对她来说是一种想都无法想到的尝试，但是，也正是因为她的反常行为成就了她。

相信自己的判断，始终有一颗活跃的心，职场就是战场，你的第一判断就决定了你是否能打赢这场战争。如果面对战争，你怯懦胆小，循规蹈矩地按套路出牌，不敢折腾，不敢尝试反常行为，那你这一辈子也只能是碌碌无为了。

生活中哪有一定之规？或者被生活中的规矩锁死，或者被书本中的知识锁死，对于你而言都是一种悲剧。任何一个成功者走的路都是充满荆棘的，因为没有人走过，所以走得才更精彩。一堆笑脸中只有一个哭脸时，你一定会去关注那个梨花带雨的，因为他的行为反常，更引起了人们的注意，这就是反常行为带来的正效益。

卡莉·菲欧莉娜在别人眼中，从小就是一位娇生惯养的"公主"，但谁也想不到，这位娇气的小公主会成为惠普全球执行长官。

菲欧莉娜结婚后，从"小公主"变成了娇夫人，她就是那种以夫为天，以夫为贵的小女人，而且从小被宠出来的原因，她总是羞于与人交往，也不喜欢到公众场合，自然也就很少出入各种商界聚会。

不过，她的丈夫对此却不买账，过了婚姻的新鲜感后居然背叛了她。菲欧莉娜也因此受到了很大的打击，几度消沉后，她决定改变自己。

做出决定后，菲欧莉娜毅然重新返回校园，并先后拿到了历史、哲学学士学位，企管硕士学位，让知识武装自己，使自己变得强大。很多人劝她说："你的家庭条件不错，再找一个合适的老公就可以了，干吗这么难为自己？"

菲欧莉娜对这些劝说并不在意，既然下定了决心，那就必须坚持。

渐渐地，菲欧莉娜的气质改变了，说话也变得干脆利落，做事同样也雷厉风行。毕业后，菲欧莉娜进入AT&T从事不起眼的秘书工作。

这是一家以技术创新而领先的公司，菲欧莉娜想要生存下去，就必须再次做出大的改变。她非常关注技术行业，注意经验的积累，先是促成了惠普与康柏的合并，后又筹划及执行朗讯公司初股上市，已经完完全全地蜕变成为一个职业女性。

职业女性并不好做，要面对来自多方面的质疑，也要承受很大的压力，她的积极表现也受到了很多人的批判。但是，菲欧莉娜不曾放弃，反而更加主动积极地表现自己，同时也没有忘记不断地学习，从而提高能力，丰富经验，以保证自己紧跟公司的步伐。

是金子迟早会被发现，菲欧莉娜通过自己的努力，最终成功出任新惠普公司董事长兼首席执行官，而且她是道琼斯工业指数成分股企业中唯一的女性总裁。

其实，这个世界并不存在什么天生强大的人，只要你在最初反应时能做出恰当的判断，做出出人意料的行为，那你完全可以找寻到内心力量的源泉。有这样一个小笑话：有人问一个农夫是不是种了麦子。农夫回答："没有，我担心天不下雨。"那人又问："种棉花了吗？"农夫回答："我担心虫子吃了棉花。"那个人又问："那你种了什么？"农夫笑笑说："为了确保安全，我什么都没种。"

的确，什么也不种便不怕下雨，也不怕病虫害了，但你既然担心天不下雨，为什么不选择旱涝保收的农作物呢？既然担心生虫，那为什么不提前采取措施，或者当有虫子时及时捉虫呢？既然自己有了判断，就要做出反应来，反常的判断行为往往会带来意想不到的惊喜。

拒绝经验的封印，
不要总在原地打转

　　很多用人单位在重要职位招聘时经常会注明"有经验者优先"或者"必须要有N年的工作经验"，也正因为这一条，很多刚毕业的大学生，虽然能力很突出却被拒之门外。也正因此，很多大学生学业还没有完成，就一心想着积累经验，跑出学校去做兼职。生活中也有很多人是守着"老规矩"，拿"老经验"做事，虽然循规蹈矩，却丝毫不见创新。

　　环环相扣，很多人都在讲"经验"，所以我们便也会被"经验"蒙住双眼，束缚思想，禁锢心灵。"经验"就像是一条条封印，乐呵呵地封印你我，如果你上了它的当，那它就套在了你的头上，让你原地打转，不能自拔。

　　杰丁是一名船员，他像往常一样乘坐着远洋海轮漂泊于汪洋大海，但是，不幸却发生了。他们这艘船不幸触礁，杰丁与船上的六位船员拼死才登上一座孤岛，暂时活了下来。

　　不过，虽然暂时安全了，可接下来的事情更麻烦。岛上没有任何可以用来充饥的东西，更没有水。在烈日的暴晒下，每个人都口渴得冒烟，他们陷入了极大的痛苦中。

小岛被汪洋大海环绕着，周围的确都是水，但却是海水。任何一个有些常识的人都知道，海水又苦又涩又咸，不能喝，如果喝了这又苦又涩的水，不但不能止渴，还有可能因为过度脱水而死亡。

六位船员有人望着天，有人向大海张望，以他们现在的处境来看，如果想要活下去，或者恰巧有过往船只发现，或者天降大雨，给他们补充点水分。

不过，他们的希望落空了，没有船只发现他们，连续几天也没有下过一滴雨，船员们的体力却时时刻刻都在下降。几天后，船员相继一个个渴死了，只留下了杰丁一个人。

杰丁看着眼前的一切，内心陷入了极大的恐惧中，再加上饥渴、绝望等，他感觉自己也快要死了。杰丁想："反正马上就要死了，就先喝点海水吧，总比干等死好呀。"

于是，他爬到海边，用手捧了一捧海水凑近了自己的嘴巴，一股清透的凉爽瞬间让杰丁打了个冷战，随即他捧着海水，使劲儿地倒入嘴里。

"呀！"杰丁惊奇地喊："这海水不苦，是甜的，而且非常解渴！"他不自觉地回头看了看岸边的兄弟们，觉得自己的味觉失调了，或者这只是幻觉。之后，他静静地躺在岸边，等待着死亡的来临。

第二天，他竟然醒了，发现自己并没有死。他又捧起海水，轻轻喝了一口，甜的，的确是甜的，于是他每天靠喝这"海水"度日，等待过往的船只。

很多人觉得杰丁能生存下来就是一个奇迹，人们还惊讶于那片海水居然能做解渴的饮用水。之后，有专家专门对此进行了研究，原来这片海下有一口地下泉，地下泉水的不断翻涌，使海水变成了甘甜可口的泉水。

见　识

　　杰丁每遇到有人问他经历了什么，他总是感叹："老经验害了我的兄弟们，而且大家都不敢冒险。"从小我们就知道"海水是咸的"，不能作为饮用水来喝，也正是因为这条经验使船员活生生地渴死，但那个最后得以活命的船员呢？在生死一线之际，他打破了老规矩，丢弃了"经验"，大胆地喝了海水。

　　活着的船员解开了经验的封印得以生存，可见"经验"只是过来人取得成功或失败之后的一个总结。但不同的环境，不同的地点，不同的人，自然这"经验"也便没了权威性，怎么就不能打破呢？

　　人生在世，不可能总活在别人的"照应"之下，也不能总凭着别人总结的经验禁锢我们的未来。过分地拘泥于"经验"只能在原地打转，就像走进了迷宫，你不主动去创新探索出一条新的路线，那么自然是走不出来的。同样的道理，当你希望改变现状，不在原地踏步时，你就必须跳出"经验"的画地为牢。

　　很多年轻人看电影时喜欢在网上买票，那一定对"猫眼电影"这个小程序不陌生。可是你知道吗？"猫眼电影"在诞生之初也遇到了重重困难。

　　"猫眼电影"是"美团"在电影这个垂直品类上进行拓展孵化出来的。最开始时，"猫眼电影"计划像很多影院内摆放上团购兑换票的机器，但美团的创始人王兴对这种机器有很大的意见。他看着策划送来的意见书，说："这种机器体积很大，而且笨重，一台机器成本一万多元，投资需要数百万元？"

　　策划点点头。

　　王兴又说："那为什么要选这个大家伙？就不能做小点，节省成本吗？"

　　策划一脸懵，心想：不都是这种机器吗？无论是最开始用机器的格瓦拉，还是后面的很多跟进者，都是这样做的呀？于是，策划说："这种机器很多人都在用，而且是很成功的。"

"是，别人已经把路铺好了，我们要不创条新路？旧经验很成功，那不代表以后就一定要这么做呀？"

之后，通过深思熟虑，当时APP已经被大家熟知，手机上的小程序不仅受众广，还能节约很大成本。于是，王兴及团队不打算在院线布置那种出票机，而是改为开发一项独立的APP，这便是现在大家常用的——猫眼电影。

"猫眼电影"给院线影院吹来了春风，用户可以在猫眼电影上查询电影资讯，预选座位，下单支付，只需要到影院的自动出票机打印出票就可以，十分方便。

据统计，如今市场上每三张电影票就有一张出自"猫眼电影"，它已经成为影迷高下载、高使用的一款电影应用软件。

世界在变，哪有时间等你原地打转？老祖宗告诉我们"萝卜白菜保平安"，那是在蔬菜品种单一，物资缺乏时的"经验"，以此来劝告我们多吃蔬菜；但是现在蔬菜市场品种如此之多，各种营养俱全，你就一定只吃萝卜白菜吗？

老人说："不听老人言，吃亏在眼前。"可是如果你太过于"听话"，不敢自己去闯，不敢去尝试新鲜事物，怎能有一番作为呢？"经验"如囹圄，只有你走出来，才会明白世界很大，等着你去闯一闯；世界很大，期待你活得更精彩。

与其静观后效，
不如主动经营

　　每个人都是很自我的，总是很喜欢以自己喜欢的视角去看待问题，哪怕其他的再有吸引力也会视而不见。因此，很多人被狭隘的视角禁锢住了，总是墨守成规，不思变通。虽然他们心中想要改变，但却似隔着万水千山，走不出自己画的圈，自然也会处处不如意。

　　其实，与其墨守成规地停步不前，不如自己通过主观经营，改变现状。别人的人脉关系处理得很好，只有自己的乱七八糟；别人的事业发展或快或慢却总在改变，只有自己的受到层层阻隔；别人爱情、友情、亲情事事如意，只有自己商场不如意，情场也不如意……面对这一堆堆的问题，很多人就"呆"在了原地，静观其变，有的甚至将责任推给命运，叹息：我的命怎么这么不好呀！

　　"静观其变"的结果不是世界为你改变，只能是你被落在了后面。只有珍惜当下，去改变自己的言行，去直视一切，当你懂得自己经营生活时，你会发现，原来不是世界错了，而是你错了。

　　张森是某集团的执行总监，表面风风光光的人物，却总也忘不掉高中时那段没有安全感和存在感的日子。

　　高中时，大家很喜欢结成"小团伙"，张森却没有进入任何一个朋友圈，因为他觉得那些同学不是穿着名牌，就是吃着高大上的餐厅，只有自己什么都没有。

　　其实，他心里是很渴望进入那些"小团伙"的，和大家一起吃饭、回家、打篮球等，但是他觉得大家都不想搭理他。例如，大家打篮球的时候，他会买很多零食和水旁边等着，他想大家累了就一定会过来的，但大家累了就会有说有笑地坐在操场上聊天，根本没有人注意到他。

　　张森很失落，他想融入大集体，可他等啊等，总也等不到大家主动过来打招呼。对于当时的感受，用张森的话来说就是："我想跟男生玩，男生躲着；想跟女生玩，女生笑笑。有些时候，我还会感觉到大家悄悄在背地里议论我。"

　　友情没有得到，亲情也很淡漠。当时，他回到家与父亲没有任何交流，父亲回忆说："张森每天放学以后只知道看电视，一直看到电视节目结束还在那儿坐着。"但依照张森的回忆是：他写完作业后为了等父亲跟他聊聊天，强迫自己看电视，一直看到半夜12点父亲下班，但父亲却总是对他冷脸相对。

　　17岁的张森在日记本上列举着他的不幸：

　　永远没有零花钱，永远穿廉价的衣服；男生不喜欢我，女生也不喜欢我；老师不重视我，父母也不重视我……

　　突然，他发现这些问题之所以产生，不就是因为自己成绩差，不爱说话吗？张森说："那时我有一种打通任督二脉的感觉，一下子清醒了，当时就下定决心，从现在开始改变自己。"

　　那时，张森已经读到了高三，他的数学成绩一直不好，于是他买了三本习题集，老师每带领大家复习一个小节，他就完成习题集中对应的部分。他的努力终于见了成效，模拟测试时，他竟然进了年级前一百名！这个不小的改变让张森兴奋不已，他同样惊奇地发现，有那么几个同学竟然主动和他说了话，向他讨教学习方法。

操场上，张森买了水，一场球结束后，他就大声向同学喊："这里有水。"久而久之，他融入了盼望已经久的"小团伙"，朋友也越来越多。

家中，张森看到父亲回家，会主动拿拖鞋，并与父亲聊在学校发生的故事，有时甚至会跟父亲聊到两三点。看着父亲的笑脸，张森更加有动力了。

高中毕业了，张森顺利考进了自己理想的学校，而且选择了自己最爱的专业，成为母校的骄傲。毕业大会上，老师让张森谈感想，张森笑笑说："不要总盯着别人的脸，也照照镜子，看看自己是什么样子；不要总等待着别人的改变，不如自己经营自己，主动进入大家的圈子里。"

每个人心里都住着一个懒惰的自己，当你觉得世界与你为敌时，懒惰的小人就被召唤出来，不愿改变自己，对世界求全责备，却对自己异常的宽容，明明一手好牌，却被自己打烂了。

所以，很多时候，当你觉得开始抱怨、羡慕、生气时……，不如正视自己，迎头上去主动地经营，你会发现，一切都会变得那么如意。

不随大流，走不寻常的路

现在的世界因为互联网的普及，频繁掀起热潮，所有的信息都能快速地传播开来。这时候，很多趋势就形成了。要想在职场中拥有一席绝对的地位，就不能盲目地追随大流，要有自己的特色，走自己不寻常的路，才能立于不败之地。

当一个员工提出一项比较具有创新意义的建议时，老板不希望看到的是其他员工也和提建议的员工一样执行同样的事情，他更希望看到每个员工都有自己独特的想法，完成自己的创意。

有一个著名的毛毛虫实验，说的是把许多毛毛虫首尾相连围成一圈，放在一个花盆边缘，并在离花盆不远的地方撒满毛毛虫喜欢吃的树叶。然后，毛毛虫开始沿着花盆一个紧接着一个地爬。一小时过去了，毛毛虫还是那样首位相连地爬着；一天过去了，毛毛虫还是在那样爬；七天之后，它们不爬了，因为所有的毛毛虫都因为饥饿疲惫而死了。这些毛毛虫死的时候没有一条偏离爬行的轨道，依旧是首尾相连的方式，死在食物旁边。也许不应该用圆形的花盆做实验，因为毛毛虫以为自己一直在前行。但是，即使换成别的形状，真的会有毛毛虫离开队伍，独自找寻食物吗？

在工作中，很多人就像在毛毛虫链上的一条毛毛虫，每天和

见 识

其他人干着一样的工作，吃着一样的米饭，喝着一样的白开水，他们对现状不满，但是从不要求改变，因为其他人也是这样生活的。这时候如果有一个人提出一些新鲜的建议，无异于在办公室里鹤立鸡群了。只有把大流摆在一边，把自己的脑子从"都一样"的怪圈里拿出来，放进冷水中泡一泡，自己单独坐下来思考属于自己的路的时候，这个员工才算有了灵魂，才能做出令自己和老板满意的成绩。工作遇到困难的时候，人们喜欢拿出以前用的方法，像套公式一样生硬地套进去。然而世界上没有一个问题是一样的，总是有着或大或小的变化，当问题不能完美解决的时候，有些人还是不敢打破固有的思维方式，不能够推陈出新，找到一条合适的路。

小路和所有的办公室小白领一样，领着还算过得去的工资，每天和同事一样吃着千篇一律令人提不起食欲的快餐，也和同事们一起骂快餐店黑心的老板和自己办公室旁边的总经理。但是小路总是无奈地和自己说日子还是要过，班还是要上。

有一天，当办公室所有同事一致拒绝向快餐店订餐的时候，小路突然灵光一闪，她觉得自己完全可以让同事吃到自己想吃的东西，那就是自己做中介人，为每个快餐店拉客户，然后根据客户要求的快餐给快餐店下订单，自己抽取提成，这应该是一笔不低的收入，实在不行，再回来上班，小路心想。于是她向总经理提出了辞职，买了一辆电动车，开始了送外卖的生活。虽然顶着大太阳送外卖很辛苦，但是一个月下来小路有了近万元的收入，几乎是上班时的两倍。几年以后，小路开了自己的连锁店，当上了老板，而以前在公司上班的人还是在上着同样的班，抱怨着同样的话。

如果继续在公司里忍受不好吃的饭和吝啬的老板，小路可能永远只是一个小白领，永远不知道自己其实可以有属于自己的公司，更不能实现自己的人生价值。

　　条条大路通罗马，尤其是现在的社会，变化越来越快，竞争也越来越激烈。怎样才能使自己不淹没在时代的大潮中呢？那就是另辟蹊径。很多公司都有着铁一样的规章制度，很多人也都严守着这样的铁律，以为一切按照公司制度来就可以相安无事了，然而这样的想法大错特错。没有老板不喜欢充满创意的员工，因为只有这样才能提高公司的业绩，才能增加公司的效益。

勇于创新的人，
往往最先看到奇迹

俗话说："没有做不到，只有想不到。"在这个时时刻刻都充满变化的世界中，最需要的就是一种创新精神。一个有创新思想的人总是能站在时代的最前沿，取得最大的收获。世界上的任何一项发明，不是因为发明人的能力有多高，而是因为他们的思维总是超前的。一个勇于创新的人，往往最先看到奇迹。

很多人喜欢爬野山，哪怕充满着危险，也总想去探一探，这是人性最深层次的"未知探索"思想在作祟。"不走寻常路"，因为寻常路上没有惊喜，而每一次新的挑战才能给人带来最大的满足感。职场同样欢迎喜欢创新的员工，"心有多大，舞台就有多大"。创新是一个公司的灵魂，是取得竞争核心地位的关键因素，如果你总在效仿别人，那你只能永远在别人的后面。

"香奈儿"这个单词世界都不陌生，它是法国著名的化妆品公司的名字，也是很多人最喜欢的大牌。不过，最开始时，香奈儿是一个名不见经传的小品牌，没有名气，甚至还出现过经营问题。

一天，一个员工给领导提出了一个让所有人听起来都觉得很荒唐的建议：丑女上舞台。领导听后觉得方法很不错，于是在当地读者最多的报纸上登了一条启事：香奈儿公司精心挑选了十位丑女，将在周六晚上亮相巴黎大舞台。

人们看到新闻后，好奇心陡然而起，以前只听说美女上舞台，丑女怎么能上舞台呢？哪怕这家公司要做广告，也得找美女呀！所以，当时很多人都跑来看十大丑女什么样，也顺便看看这个公司葫芦里到底卖的什么药。

当天晚上，巴黎大舞台人山人海，舞台上的丑女的确相当丑，人们连连惊呼，都在喊："哇，太丑了""简直奇丑无比""哈哈哈"……这时，香奈儿公司宣布：下面，请大家给我们几分钟，几分钟后，让大家见证香奈儿的奇迹。

果然，几分钟后，十大丑女再次登台，人们又是一阵惊呼："呀，变漂亮了。""太不可思议了，还是那几个人吗？""你看这样的美女真让人心动"……十位丑女在香奈儿化妆品的打造下，变得风情万种，各具特色。

从那晚之后，人们都在传香奈儿的奇迹，香奈儿公司从此名声大噪，商场商品一上架就被一抢而空，一步步发展成为世界著名品牌。

香奈儿打乱了人们的"规范化"思维，将只有美女才能为化妆品代言的前例打破，利用自己的创新策划，将"丑女变美女"这种对比鲜明的创新想法上演，从而挽救并发展了一个公司，这便是创新思想带来的奇迹。

无独有偶，日本东芝公司也凭借员工的创新思维得以自救。当面临即将倒闭的危机时，公司高层束手无策，一个员工却提出了建议，在当时全是黑色电扇的情况下，员工竟然想给电扇着色，以此来提高订单量。

高层讨论之后，马上将想法付诸行动。不久，彩色电扇便进入

见　识

了市场，最初的彩色电扇就是东芝公司的浅蓝色电扇。

一个创新的点子，救了一个濒临倒闭的企业；而一个创新的点子，同样能提高自己的价值。试想一下，如果人类失去创新的思维，人人都抱着旧观念不放手，那么我们现在岂不是还生活在茹毛饮血的原始时代吗？

创新，是一种思维的转变，不是空想，也不是妄想，更不是为了创新而创新。无论是在生活还是职场中，都需要创新精神的支持，创新也正是为了我们能改变生活，让我们能更舒服的生活，更得心应手地工作。

我们可以看到很多生活能手或者职场杀手，他们能最先捕捉到信息，并有着神奇的变废为宝的能力。其实，之所以他们总能先看到奇迹，正是因为他们的思维比大多数人转变得更快，也能更快地掌握可以创新的时机。

在美国得克萨斯州，政府决定将年久失修的女神像推倒，但如果推倒就会产生一堆建筑垃圾，又费时又费力，不能烧也不能埋，政府为此讨论了很多天也拿不出解决方案。

此时，一个叫斯塔克的人将这件事揽了过去，政府也乐得清闲，付给了他一笔比市场价格还要低的劳务费，让他快点将石像处理干净。

斯塔克推倒了石像，但他没有像平时那样把石像当作建筑垃圾处理，而是将大块的材料分解，做成各种小物件。因为人们很崇拜这尊女神像，所以他又找到精美的包装盒，利用人们的崇拜心理，将小物件卖给了大家。

斯塔克轻松地解决了建筑垃圾的难题，又从中发了大财，的确让人佩服。常听老一辈感叹，说：“当年如果一起去深圳，那现在也发了大财了。”他们指的是20世纪90年代，改革开放的大潮从深圳涌起，凡是有着一份创新思想的人都奔向了深圳，也在那里赚到了人生的第一桶金，见证了一个又一个奇迹。

　　以前的经验只适合以前的生活，只要适时地转变自己僵硬的思想，斯塔克的奇迹也一定会发生在你的身上。一个有创新思维的人，他的见识也不会浅薄，自然他的人生也不会庸庸碌碌。

辑五
决断：你现在如何选择，未来便会如何发生

你走在人生的分叉点上，向左还是向右？

很多时候，我们将时间和精力浪费在了犹豫和做决定上。往后余生，时间凋零，犹豫1秒，就浪费1秒。

成功的人生，不是看你有多勤奋，而是看你能否快速做出正确决断！选择面前，做最好的决断，你将蜕变成一个很厉害的人！

活在别人的安排中，
苦乐自知

很多人喜欢活在别人的安排里，总觉得别人已经计划好的事，自己照着做准不会出差错，而且自己也不用费太多脑子，这是多么美妙的事呀！可是，活在别人的安排中，真的是一件幸福的事儿吗？估计很多时候更多的是苦乐自知的无奈吧。

自己的命运还是应该掌握在自己手中的，被别人安排后，你的做法就必须符合他人的想法，一旦两者出现冲突，那么做出纠正和让步的必须是你。而且，过被别人安排的日子，你便自动放弃了出奇制胜的机会，也就证明你将甘心活在别人的庇护下，不会展示真正的自我。我想，没有一个人愿意永远落于人后吧？久而久之，你也会迷失了自己。

刘东出生在南方的一个小城市，可以说是人们口中的富二代，他的父母从小就给他提供了优越的生活，刘东一路走来，一直顺风顺水。

高中毕业后，刘东想学自己喜欢的建筑业，于是高考志愿选择了北方的一所不错的大学。当他回家告诉父亲自己的志愿时，父亲没有说话，回到书房就打电话到学校，要求改掉刘东的志愿。

父亲对刘东说："我给你报了上海的大学，离我们近，而且专业给你改成了工商管理。我和你妈把公司做到现在不容易，都是自己摸爬滚打，也没什么专业知识，你学好了，正好回来帮我们。"

刘东从小就很怕父亲，虽然父亲从不跟他着急，但父亲的话他也不敢反抗。于是，刘东如父亲所愿学了工商管理。

在大学，刘东真的不好过，本来就对一些条条框框的背诵不擅长，可是这个专业的很多学科都是需要仔细读背的，刘东经常在密密麻麻的文字中犯错，无论怎么看这些条条框框他也提不起兴致。就这样，刘东经常一上课、一翻书就睡着，专业成绩一直很差。

与大学相关的词一定是"恋爱"，正是情窦初开的年纪，高大帅气的刘东很快有了心仪的女孩儿，两人可以说是一见钟情。但是，不知道父母从哪里得来的消息，刘东与女孩儿刚刚交往了不到一个月，父母就站出来反对了。

父亲说："大学期间也要好好读书，否则将来怎么接管公司？"

母亲说："那个女孩儿虽然不错，但是家离我们太远了，而且南北方差异那么大，一个东北女孩儿怎么做我们的儿媳妇？"

刘东被迫与女孩儿分手了，虽然刘东心中很是不舍，但他真的很怕与父母的关系闹僵。母亲见刘东闷闷不乐，于是给刘东介绍了一个生意伙伴的女儿，那女孩儿刘东认识，两家关系本来就很不错，刘东一直把她当妹妹，从来没想过要找她做女朋友。

在双方父母的极力撮合之下，两人确定了恋爱关系。

四年的生活一晃就过去了，毕业时，不少同学都留在了上海工作，城市大，机会也多，对于刚毕业的他们来说，真是不错的选择。刘东在这里生活了四年，也很喜欢上海的繁华，于是，他找父母商量，能否留在上海。

见　识

　　结果可想而知，又一次被拒绝了，父亲这次连解释都没有，直接说了句："回家。"然后就挂断了电话。于是，刘东打包行李回到了家，顺其自然地接手了公司，成为人人羡慕的公司老总。

　　一年后，他与女友结了婚，有了一对儿女。在别人眼中，刘东很幸运，爱情事业都让人羡慕。可是在刘东心里，总有说不出的苦楚，每次与朋友喝醉后，他都会放声大哭。没有人知道为什么别人眼中拥有完美人生的人会如此痛苦，只有刘东心里明白。

　　刘东像一个提线木偶一样过着人人艳羡的生活，他人生中重要的路都被父母铺好了，一路被安排的人生好与不好，局外人是不能评价的，只能说谁的人生都不易，苦乐自知。

　　也许在很多人看来，被安排的人生会更稳定，最起码不用自己去选择，也不用左右为难地做什么决断，只要按部就班地进行，就不会有太大的风险和挫折。快快乐乐地过日子，这该是多么好的事。

　　可是，如果你的思维走向了这里，那你的见识也就太过于平庸了。一些习惯被别人安排的人，往往都是没有主见、不想抗争的人。人生在世，只有短短百年而已，这么短暂的时间中却不能按着自己的意愿而活，那这人生又有什么意思呢？

　　美国有一部电影叫《楚门的世界》，讲的是楚门与现实抗争的故事。

　　电影的主人公楚门已经三十多岁了，他一直生活在一座叫海景镇的小城里，在一家保险公司做经纪人，过着平常人的生活。

　　有一天，他突然发现，自己竟然是一部肥皂剧的男主角，而三十多年来的人生是被编剧写出来的，自己的小镇其实是一个庞大的摄影棚，生活中的每一秒钟都有上千部摄像机在对着他，每时每刻全世界都在注视着他。

　　更可怕的是，他一直当作亲人的人竟然都是与他毫无关系的演

128

员，他身边的所有事情，他的喜怒哀乐原来都出自导演之手。

楚门知道真相后，除了恐惧，满心都是被愚弄的愤怒。他找到导演，告诉他们："我要离开这里，我不想过这种被设计好的人生。"

导演克里斯托弗说："你现在已经是世界上最受欢迎的明星，你今天所取得的一切都是常人无法想象的，你留下来就可以继续你的明星生活。但是你要离开，那一切都会消失，你将一无所有。"

楚门面对选择，很快就做出了决断，哪怕什么都没有，他也要选择过属于自己的生活。他说："我不需要完美的生活，但要真实；我不需要大量的财富，但要快乐。我将拥有一个属于我自己的，而非别人安排的人生！"

做出决断后，他对导演和观众深深地鞠了一躬，说："感谢大家，如果我们以后不能再见面，也祝你们早安、午安、晚安……"

说完，楚门大踏步地走向一扇连接着外面世界的大门，门外一片漆黑，什么也看不到，但楚门脸带幸福地走了出去。

楚门扔掉了一切，但他却找到了自己。没有人喜欢被别人安排，试想一下，如果这辈子工作不是你自己选择的，爱人也不是你自己选择的，甚至你一眼就可以看到你人生的尽头是什么样子，你还偷懒想被别人安排吗？

也许我们前方的路并不好走，也许我们必须面对选择带来的焦虑感，但只要想到命运永远是掌握在自己手中的，就会克服一切问题，顺利闯过任何难关。不要再过苦乐自知的日子了，面对问题，做出发自内心的决断，笑就放声笑，哭就痛快哭，活出自己想要的样子，人生本就该如此。

计划不周全的尝试，
好过未开始的筹谋

生活中，经常会听到这样的句子："再等等，我还没有想好。"可是你有没有想过，有些事可以等，有些事却没有给你等的时间呢？其实，很多事之所以觉得计划不周全，是因为你想将所有的情况都列入计划中，怕失败，怕出差错。可是你想过没有，当你犹疑不定时，也许别人早已经开始了呢？

一切新的尝试哪怕计划得再周全，也会存在很多意外情况；任何一件产品在投入市场之前，一定会有一个测试期；一个小店开业时，也会有一个试营业。与其将筹谋放在脑中画宏伟蓝图，不如就拿出来练练兵，"纸上得来终觉浅，绝知此事要躬行"。当你犹豫的时候，机遇可能就会错失，果断地执行，只有看到问题后，才能解决问题，你的计划也才能更加完美。

小美毕业后创立了自己的传媒公司，她的才华也让很多同龄人惊叹，总是能抓住最前沿信息的她，将传媒公司经营得红红火火。

最近，小美又有了一个新的想法，她计划利用现代通信软件"微信"的公众号功能宣传自己的公司，她将自己的想法通知了朋友们，希望大家关注点赞。

公众号建立了，可大家却迟迟看不到一篇文章，更别说宣传自己公司的文章了。与小美关系比较好的朋友问小美原因，小美不好意思地笑笑说："我的文笔太烂，不太好意思发表，也不知道写点啥，要不等我练好再发吧。"

朋友说："你练好了？你练到什么程度才叫好呀？你又不是专业作家，没人要求你文笔多好，写一写你们公司，写一写你的想法不就行了？"

"可万一别人也关注了，发现文笔这么烂，不是给公司丢人吗？"小美说。

朋友给小美出了个主意："你干脆请一个专职的文案，让他给你管理公众号不就好了。"

"但文案这笔开销我没有计划在内呀？再说了，现在公司经营得也还可以，要不等下个月再发吧。"

就这样，一拖再拖，一直到公众号自主注销，也没有看到小美发表过一篇文案，至于当时的宏伟蓝图，恐怕小美也已经不记得了吧。

其实，像小美这样的人生活中处处可见，对于某项需要长期运营的事情更容易像小美一样处理。例如，你想学一件乐器，看着琵琶弹起来很美，但又怕一开始的指法枯燥，谱子难记，甚至怕时间不够，不能坚持，于是，这个计划还没有出生就流产了。

任何一件事情都是需要一个过程的，而这个过程就是处理对错，从笨拙到熟练的过程。如果因为犹豫而错失开始的机会，那你的计划再完美，也没有人欣赏。我们不是诸葛亮，不能要风得风，要雨得雨；我们更不是唐僧，出了什么情况都会有人赶来救助；我们就是我们，本来就没有天时、地利、人和，那就必须让计划在实践中达到完美。

见　识

　　当然，果断地开始并不等于冲动的决定，果断地开始指的是计划已经相对完成的情况下赶快去实践，而冲动的决定是心中没有任何计划就盲目前行。所以，计划要做，一份不周全的计划是需要尝试后才能变完美的，而那些没有开始的筹谋永远都像是蛋壳里的鸡宝宝，不敲破，长得再漂亮也来不到这个世界。

　　英国利物浦市的科莱特以优异的成绩考入了美国哈佛大学，常和他坐在一起听课的是一个18岁的美国小伙子。他们的关系非常好，对于世界而言，正是因为他们的相遇，才有了如今的信息社会。

　　大二时，美国小伙子主动找到了学习很出色的科莱特，他说："我想退学，也想让你退学，我们一起去开发32位的财务软件。"

　　"什么？"科莱特吓了一跳。

　　美国小伙子恳切地说："新编教科书中已解决了进位制路径转换问题，那我们可以去开发32位的软件了。"

　　"不是，"科莱特拉住小伙子说，"我指的是我们现在在哈佛，这是多少人挤破脑袋都想考入的名牌大学，你我都是好不容易才考进来的，我们是来求学的，不是来玩的。"

　　美国小伙子笑笑说："我的想法也不是冲动决定的，我已经深思熟虑过了。"

　　"再说你的计划，那32位系统老师不是才讲了一点吗？那只是皮毛。"科莱特问。

　　美国小伙子再次给他解释了一番，但科莱特还是不放心，他觉得美国小伙子的计划完全不成熟，于是他选择了委婉地拒绝。之后，科莱特继续攻读大学课程，最后成为哈佛大学计算机系BIT方面的博士研究生。不过，当科莱特骄傲地以为自己的学识已经积累到了一定程度，可以研究和开发BIT系统相关软件时，他惊讶地发现电脑科技发展迅速，BIT系统已经完全滞后了。

　　与此相反，当时那位小伙子没有因为科莱特的拒绝而放弃，他果断地选择了退学。退学后他一直在研究开发软件，他开发出的EIP财务软件比BIT系统的快1500多倍，而且迅速占领全球市场。之后，他开发了很多软件，他的名字已经成了成功和财富的代名词。

　　有些人应该已经猜到了那个美国小伙子的名字，他就是比尔·盖茨。科莱特觉得只有具备了精深的专业知识才能去创业，所以他一直处于筹谋的阶段中，却没有发现比尔·盖茨早已经开始了自己的尝试。在不断地尝试中，比尔·盖茨一直掌握着最前沿的问题，也补充着最新鲜的概念，才能更快地抓住机遇，取得了非凡的成就。

　　之所以不能做果断的决定，是因为总想避免出现损失和遗憾，但俗话说："计划赶不上变化。"你的计划再好，里面也充满了变数，所以当你已经有了计划后，就马上去行动吧，实践路上的狂风暴雨都是不可避免的，你考虑得再周全，也不能完全避免。

　　如果现在的你已经做好了准备，就可以开始不成熟的尝试了，不要等到万事俱备，万一东风不来，你的计划不就胎死腹中了吗？果断地开始行动吧，在行动中达到完美，总好过祈求与没有开始的筹谋。

未来自己规划，
不要看别人的脸色

　　小孩子是最会看人脸色的，每当他要做出决定之前，一定会先看爸爸妈妈的表情，然后去做决定。不过，小孩子只是小孩子，看人脸色是他天生的自我保护技能，如果作为成年人的你，还在看着别人的脸色做决定，那将是多么可悲的事。

　　当然，我们每个人都希望得到身边人的赞同和认可，做事之前有时会考虑身边人的看法，这是无可厚非的，也是作为一个社会人最正常的想法。可是，如果涉及自己的事情，规划自己未来的选择时，还去看别人脸色，那就真的没有必要了。你的人生是自己选择的，今天做出什么样的决断，明天你必须要承受决断带来的后果。

　　此时，如果太过于看重别人的看法，做决断前先考虑别人怎么想，那你就会失去自我选择的能力，失去改变自己的动力和勇气，那么一生就会陷入自己制造的困顿中，做任何事也都畏首畏尾，很难自我发展。

　　小彬从小性格内向，不爱与人交流，高中毕业后考上了一所不错的大学，来到了自己喜欢的城市。

可是大学一开学她就陷入了迷茫中。平时在宿舍里，舍友都会聚在一起聊天，只有小彬一个人在静静地看书，因为她不知道该如何与大家在一起聊天。

一天，她正在看书，突然听到舍友说："你看那个叫小彬的，跟个书呆子似的，社团也不参加，活动课也没报，是不是有什么问题呀？"

小彬吓了一跳，低下了头。

这时，一个平日与她聊过几句的舍友到小彬身边，说："你们别瞎议论，小彬，要不你也参加个社团吧，又能锻炼能力，又能丰富生活。"

小彬点点头。

当天下午，小彬就与舍友一起加入了社团活动，同时还看到了一些其他的社团，连着报了好几个。

就在小彬来回跑参加社团活动时，她听到了人们议论："你说这个小彬，到底是有多么不安分，她参加社团是想干吗？是不是想让什么人看上自己呀？看来她以前安安静静的样子都是装的。"

小彬又陷入了迷茫中，她只好找到了学校心理辅导老师诉说。

老师听后，没有正面回答小彬的问题，只是问："那你告诉我，你觉得你做得怎么样？"

小彬被问蒙了，因为她从来没有想过自己是什么样子。

老师笑着说："孩子，你就是你，你是什么样子，自己觉得好就可以，为什么总听别人的议论来改变自己的做法呢？"

的确，很多人都在为着一些议论、一些别人的看法来改变着自己。其实，每个人的思想和意识都是独立的，因为站位不同，便会从不同的角度去评价，得出的结论自然是不一样的。如果我们太过于在意别人的看法，让别人的意见来左右我们自己的选择，那就会失去自我。

　　邯郸学步的故事说的不就是这一问题吗？明明自己走路走得很好，却听不得别人半点评价，想要学着别人走路，让自己更完美，结果连路都不会走了。太过于在意别人的评价，就会变得小心谨慎，多思多疑，甚至丢失初心。

　　我们任何一个人都不是活给别人看的，那就不要太在意别人的脸色，自己做出决断时，只考虑它是否是你的人生目标，是否能为你助力就可以了。从现在开始，不要再挖空心思想别人的评价了，做个真正的自己吧。

与其大声争辩，
不如视而不见

俗话说，"有理不在声高"，可是很多人就是喜欢与人争高下，在自己做出决定时，如果出现反对的声音，他就会压抑不住自己的情绪，开始拒理以辩。其实想一下，你的争辩有什么意义呢？

赢了，他不会帮你实现目标；输了，对你实施计划也不会起到什么反作用。反而是与他的争辩浪费了你的时间，因此，与其大声地争辩对与错，不如对一些反面情绪视而不见。

其实，每个人做出决定之后，即使自认为再完美，也会出现不同的意见，"一人难称百人心"说的就是这个道理。面对这些反面意见时，有些人失去了勇气，放弃了自己的选择；有些人暴跳如雷，反唇相讥，甚至引发了一场旷日持久的口舌大战，最后使自己心力交瘁，陷入毫无意义的纠葛中。

当然，以上两种人的做法都不是明智之举，面对那些反对的声音，最明智的做法就是沉默。任何一个人都发生过争吵吧？在争吵中，我们最不喜欢的就是那种你唠唠叨叨说上半天，可对方一直沉默，他越不说话，你就会越生气。同样的道理，面对那些反面意见，如果你在意了，你就输了。

京剧演员梅兰芳出生在京剧世家，受家庭的熏陶，他从小就喜爱京剧，闲来无事时还会模仿。

8岁时，梅兰芳决定拜一位老师傅为师，开始学京剧。但是，师傅很不看好他，对他说："你呀，不适合唱京剧，你长了一对'死鱼眼'，目光呆滞，眼神无光，不是唱戏的料，干脆放弃吧。"

但是，梅兰芳并没有放弃，也没有跟师傅争论，只是默默地下定决心。为了练眼睛，他紧盯空中飞翔的鸽子或者注视水中游走的小鱼，久而久之，他的双眼变得灵活起来，老师傅也答应了收他为徒。

可以说，梅兰芳这位"梅派"创始人的京剧已经达到了炉火纯青的地步，哪怕表演得再好，也还是会有"挑剔"的或者不怀好意的观众喝倒彩。有时在台上，他会听到观众 的评价。他舞剑，有人说："你看这花拳绣腿的，一点儿劲儿没有。"她表演时单手开门，有人说："哇，好大的手劲！"……

面对这些倒彩，梅兰芳并不说什么，而是默默地找专业人士讨教，也会与后台与人一起研究问题所在。有人问梅兰芳为什么这么好脾气时，他总是笑着说："等我做得越来越好，不就没有人再说什么了吗？"

自己在做决定时，谁也不能要求所有人都赞同，因此没有必要与反对的声音一较高下。别人的意见对也好，错也罢，那只是别人的意见，自己"有则改之，无之加勉"就足够了，据理力争反而失了身份。

美国前总统克林顿曾经说："如果要我读一遍针对我的指责，逐一做出相应的辩解，那我还不如辞职呢！我只要做好自己该做的事，如果证明我是对的，那么无论人家怎么说我都是无关紧要的。"

　　一个有见识的人，从来不会被闲言碎语打倒，肯定也不会被别人的意见左右自己的决断。经受得起冷言冷语，忍受得住怀疑的目光，这样的人活得更有自信，也绝对拥有大智慧。

　　"事实胜于雄辩"，你与其将时间浪费在高门大嗓、气势汹汹的辩解中，不如对此视而不见，做自己想做的事。当你把成绩摆在那时，一切不安分的声音也就不攻自破了。到了那时，人人都会佩服你这变反对为赞赏的本领。

　　张敏从进入公司就一直被人议论纷纷。

　　她的学历并不高，笔试成绩平平，面试成绩却很高，这时就有人说："张敏一定是某位领导的亲戚，走了领导后门进来的人，能好得到哪儿去！"

　　张敏听后虽然很生气，但她没有找那些人理论与辩解，她的面试成绩之所以高，是因为她在大学期间就开始做兼职了，对于公司的基本情况她也做足了功课。

　　张敏入职后，对待工作一直是认真踏实又有责任心。不到三年，她就被领导由普通会计提拔为财会组组长。

　　张敏心中十分高兴，自信心也越来越强。但是，那些不和谐的声音又出现了。一次在茶水间，张敏听到几个老员工正在议论自己。

　　一个人说："我就说她有关系吧？也不知道跟哪个领导，否则怎么提得这么快？"

　　另一个人说："她呀爬得真快，我们成了她的垫脚石了，等着哪天爬高跌重吧。"

　　……

　　张敏把杯子放在了茶水间的桌子上，自己出来了，一些看到这个情况的同事以为她生气了，但她们发现，张敏似乎一点儿没受影响。

见 识

张敏没有争辩，也没有吵，是因为办公室本来人就不多，她不想自己刚刚升职就把同事关系弄尴尬。不过，张敏在心里暗暗下了决心，一定要做出点成绩来，让她们瞧瞧。

张敏将所有的心理压力转化为了动力，她不断地提高自己、完善自己，工作成绩越来越好，领导又一次看到了张敏的成绩，提拔她做了财务部经理。

那些平日嚼舌根、说风凉话的同事这次没有再说什么，因为她们看到了张敏的拼劲儿，也看到了她的成绩，可以说张敏的这次提拔让她们心服口服。

有些人就是很喜欢说别人的问题，张敏的同事之所以会一次次猜忌，一次次否定，或许就是因为羡慕与嫉妒，如果张敏站出来与她们大声争辩，那张敏自己也会方寸大乱了，在领导眼中张敏便成了人际关系不和谐的人。

遇到这些事，我们经常会不冷静，其实，与其大声争辩，耗费心力，不如嫣然一笑，充耳不闻，因为他们的话不会对你造成任何实质性的伤害，也不会成为你走向成功的绊脚石，那又何必太在乎呢？

做出了决断，就要认真地走下去，哪怕路上有任何的风吹草动，心中都要有一个明确的目标，默默地前进，终有一天，当你收获了鲜花和掌声时，那些不和谐的评论也就不攻自破了。

不敢做出决断，
是因为你充满恐惧

任何人都希望自己是一个有决断的人，但是很多人面对选择时总会显得不知所措。其实，很多人不敢做出决断，往往是因为内心充满恐惧。一个勇敢的人，对于任何选择都是十分果决的。

回忆一下自己学生时代的考试，你会发现，成绩越好的同学，面临选择A或者B时，就越是会犹豫；而那些成绩本就不好的同学，反而能快速地做出判断。那是因为成绩较好的同学怕选错，选错成绩就会差，他们不想承受选择错误带来的后果，内心充满了恐惧；而那些成绩本就不好的同学，选择时没有太多顾虑，所以能快速作答，因为无论结果怎样，都不会对他有什么影响。

每个人都有内心恐惧的时候，而这种恐惧会直接影响你的判断能力，因为身体上的反应比理性的思考更容易强烈地诱导大脑做出保护自己的行动：不能干脆地选择，因为后果很可怕。

的确，每个人都有感到害怕的事情，但是，你知道吗？其实对于一件事，你的恐惧感没有你想象中的那么强烈，只是越是犹豫，恐惧感就越会增加。很多人晕针，那就是恐惧感增加导致的典型例子，你本就怕打针，特别是医生用消毒棉擦皮肤的时候，那时应该是最害怕的时候，心脏也会随之紧缩起来，然后人便会晕过去。但是，如果那小小的针无意间扎到你，你会因为被小针扎一下而晕倒吗？当然不会，这便是犹豫增加了人心理的恐惧，而这样的恐惧感往往在现实生活中会让你错失良机，与成功失之交臂。

美国心理学家弗洛姆曾经做过一个很有名的实验，证明了人心中假想的恐惧感有多么强大。

有一天，他带着几个学生走进了一间伸手不见五指的神秘房间，说："下面，你们就在我的指引下，一步一步往前走。"

房间什么也看不见，在弗洛姆的指引下，学生们摸黑很快很轻松地穿过了一座架在房间中间的木桥。

弗洛姆看着轻松的学生，打开了房间里的一盏灯，这时，学生们的唏嘘声响起来，很多同学冒出了冷汗，甚至有个小女孩被吓哭了。

原来，这个房间的地面是一个很深很大的水池，池子里有很多毒蛇爬来爬去，还有几条昂着头，朝他们"咝咝"地吐着芯子。在水池上的确有一座木桥，与其说它是木桥，不如说它是一条木板，看上去颤颤巍巍的。

弗洛姆看着学生们，说："好，谁能再走一次这座木桥？"

大家你看看我，我看看你，都摇摇头，不敢作声。

弗洛姆又打开了房内另外的几盏灯，强烈的光线一下子把整个房间照得如同白昼。学生们这才发现在小木桥的下方装着一道安全网，因为刚刚房间中只有一盏灯，安全网的颜色又极黯淡，所以他们没有看出来。

弗洛姆大声地问："你们当中有谁愿意现在就通过这座木桥？"

等了好一会儿，有两个男学生犹犹豫豫地站了出来。其中一个学生战战兢兢地踩在小木桥上，异常小心地挪动着双脚，速度比第一次慢了许多；另一个学生一上去身子就不由自主地颤抖着，才走到一半就挺不住了，干脆弯下身来，慢慢地爬了过去。

弗洛姆语重心长地说："桥下的毒蛇是你们产生恐惧的源头。最开始没有开灯，你们什么也不知道，所以才会那样勇敢。但是，现在你们虽然知道自己不会被咬到，但是内心的恐惧让你们胆怯了，乱了方寸，慌了手脚，所以才走得那么艰难。"说完，弗洛姆目视前方，稳稳当当地过了桥，说："下面，你们就试着忘掉内心的恐惧，昂首挺胸地过桥吧。"

过了一会儿，学生们也开始陆陆续续地过桥了，这一次他们走得很好……

有人说"初生牛犊不怕虎"，小牛犊为什么不怕老虎？因为它不知道老虎有多凶猛。生活中，在面对各种困难和挑战的时候，我们之所以不敢行动，举步维艰，正是因为我们想得太多，知道前方有多艰难，所以我们心生胆怯。

所以，如果想要果断地做出选择，就一定要先战胜内心的恐惧感，就像弗洛姆的实验一样，如果蛇是恐惧的源头，那么就试着忘掉蛇再前进。面临选择，找到自己恐惧的源头，并试着忘记它，你会发现，原来你是那样的勇敢。

王先生是一个工作十分拼命的人，他总想把生活变得更美好，天天忙得废寝忘食，还经常在酒桌上应酬。

一天，王先生与客户喝完酒后，突然胃出血。专家诊断后，说王先生得了胃溃疡，已经无药可救了。这下可把王先生吓坏了，他想自己如果撒手人寰，那么家怎么办？孩子怎么办？

于是，他意志消沉，天天沉浸在死亡的恐惧中，每天躺在病床上吃药，洗胃，一天到晚只吃半流质的东西。同时，他放弃了工作，主动请退回家养病。

此时，王先生已经什么都不考虑了，天天冲着妻子发脾气，心爱的妻子因为无法忍受也离他而去。

王先生更加痛苦了，他觉得现在的人生已经完全没有了任何意义，早晚是死，不如现在自杀。可是，当他拿起刀来对准手腕时，他的动作突然停止了，回想这些天自己的所作所为，十分后悔。

自己明明前一天还要喝酒，什么事儿都没有，听到病情后就什么也不干了，工作丢了，妻子走了，他对自己的行为感到十分懊恼与自责。他这才意识到自己现在的做法根本解决不了任何问题，相反，对死亡的恐惧可能真的把它拖死了。

王先生突然明白了，自己发展到最后，无非就是死亡，那现在为什么不趁着还活着做些有意义的事儿呢！

于是，王先生买了一具棺材，装在了轮船上，并与轮船公司商量好，如果自己中途去世，那么就把他放进冷冻舱，送回老家装到这具棺材中。就这样，王先生开始了自己的环球之旅。

途中，王先生快乐极了，享受着大自然的阳光、空气，内心的恐惧与焦虑消失了。没想到的是，他的胃竟然也恢复了正常功能，当初被宣告了的死亡已经悄悄离开了王先生。

之后，王先生回国，再次投入工作中。很多人不知道为什么王先生的病奇迹般地好了，但王先生明白，自己战胜了恐惧，丢掉了焦虑，自然身体的机能也得到了恢复。

其实，很多人的选择因为恐惧而变得犹豫，而勇敢的人从来不会被选择所困惑，因为他们对一切无所畏惧，虽然充满恐惧，但依旧前行。变得勇敢起来吧，面对人生的大是大非，只有勇敢才能冷静，只有克服一切担忧，才能找到那个最正确的答案。

决断之前，
看准大势之趋

　　很多人有这样的体验，在商场中面对琳琅满目的商品有时会觉得不知所措，犹豫不决，此时，就会很羡慕那些很果断地做出决定的人。其实，面对选择无法做出决定的原因追根究底是内心的"舍得"不定，一旦明白了"舍"与"得"的关系，决断自然也就做出来了。

　　明白自己内心要的是什么，比较优劣势后，就可以简单地做出选择。但面对人生的大是大非时，在做决断之前，还必须看准大势所趋，因为你现在如何选择，就决定了你的未来会是什么样子。举个最容易理解的例子：高考之前报志愿是家长最头疼的事，考量孩子的分数，在不同的专业、不同的高校之间犹豫不决，于是，有些家长运用了最简单的方法：什么专业吃香学什么。

　　这种方法其实就是决断之前考量的大势之趋，我们只有明确了方向，才能下最后的决断。有些人，常常会头脑一热就做出决定，以为自己办事效率高，聪明果断，实际上这只是一种愚蠢的判断而已，他们常常会因为自己头脑一热的决定而付出更大的代价。

见　识

"酒店大王"希尔顿也曾经因为选择而陷入困惑中。

一次，他决定在某地盖一座新酒店，联系好一切后，他才发现资金链出现了问题，盖了一半的酒店工程恐怕不能再继续下去了。

于是，他开始跑银行，找贷款，可是因为当时他的实力并不雄厚，没有哪一家银行愿意借钱给他。在这种危急时刻，他又心生一计，为什么不找那块地皮的主人借一些呢？

希尔顿找到地皮商人，告诉他自己突然出现了资金困难，希望能够得到他的帮助。

地产商心想，你没钱盖房子关我什么事啊？于是漫不经心地说："那就停工吧，等有钱时再盖好了。"

希尔顿回答："这我知道。但是，假如我筹不到钱，这酒店就一直盖不下去，这样恐怕受损失的可不止我一个，说不定你的损失比我的还大。"

地产商十分不解，问："与我有什么关系？你给我的钱我已经收到了，而且我也不缺钱。"

希尔顿严肃地说："有件事您应该很清楚，我在那个地方盖酒店后，您周围剩余的地皮也已经涨了。正是因为我的酒店，大家觉得这里将来肯定是一个大商圈。但是，现在我的酒店不能盖了，消息传出去后，你觉得你的地皮价格不会受影响吗？"

地产商不说话，陷入了思考中。希尔顿趁机说："那现在我资金跟不上了，反而我也没开多少工，如果我的房子停下来不建了，或者告诉大家我要另迁新址，你觉得地皮价格会不会降下来？"

地产商听到这儿，不自觉地追问："那怎么办？"

"很简单，你借钱给我，让我把酒店盖好。当然，我也不能白借你的钱，等酒店盖好后，我将从营业的利润中分期返还。"希尔顿此时已经有了万全的把握。

　　虽然地产商非常不情愿，但仔细考虑后，觉得他说得也在理。更何况，他对希尔顿的经营才能还是很佩服的，相信他早晚会还这笔钱，便答应了他的要求。

　　希尔顿是一个十分了解市场的人，他知道在大势所趋下，他一定能成功地借到钱，也一定能将酒店经营起来，所以他才做出了这种果决的借钱方式。试想一下，如果希尔顿不了解市场行情，盲目做出决断，那他的理想也就无法实现，他的酒店自然也就开不起来了。

　　平日里，我们总是对那些找到正确方向，做出决断的人羡慕不已，也常常会感叹地说："你看人家，多么有眼光，多么有见识！"但是却从来不去思考人家为什么会这么有见识。其实，任何人的见识都不是平白而来的，那些令你佩服的人付出的努力你同样没有看到。

　　成俊今年刚四十出头，在一所非常普通的大学中做教授，天天大好的时光就在上课、备课之间消磨着。其实，成俊看到学生们一个个都很优秀，他很害怕这种一眼望到头的生活，他也不想平平淡淡地过一生。

　　在他年轻时，很多人正好赶上改革，弃文从商的风越刮越烈。于是，他也想下海试一试，但是他还是陷入了犹豫中：现在生活好了，下海的本钱有，可是如果赔了怎么办？大家都在"下海"，可万一学校不允许怎么办？万一我因为"下海"丢了工作，丢了这铁饭碗怎么办……

　　就在他的犹豫中，机会一点点流失了，最终他也没有下海经商。

　　之后，大学教授兼职夜校的风又刮起来，高校也鼓励教授们去兼职，一来可以增加经验，二来还可以增加高校的知名度，同时朋友也给他提供了一个不错的夜校。但是，就当一切谈成，马上就要

见　识

上课时，成俊又开始犹豫了，他说："现在学校正在选副校长，我怕晚上要写稿子，没有时间来上课，还是让我想想吧。"

成俊又一次放弃了大好机会。之后，还有人劝过他炒股，但他又犹豫说："股市都说了股市有风险，我何必要冒这个险呢？"

在他放弃了一个又一个机会后，一家文化单位看中了成俊的学识，邀请他去做顾问，高校也同意给他保留岗位。但是，就在事情快成时，成俊又放弃了，这次他真的不知道理由是什么，就是想不好走了能得到什么，留下又能得到什么。

大势就摆在那里，就像你明明知道明天有大雨，却还在犹豫带不带伞，那不是愚蠢吗？既然知道要下雨，就要果断地做出决定，带上伞再出门。职场中也是这样，面对那些不能抉择的问题时，一定要看看大势是什么，思考之后再做出最终的决断。

例如，你是一位家居销售经理，现在流行仿欧式风格，而你的客户要求中式，你会选择什么风格来设计呢？谁才是那个大势呢？自然，客户的要求是最重要的，所以你的内心不用纠结，直接下决断，按客户的要求去做，因为客户就是那个大势。

决断，是根据你的判断而做出的决定，所以决断之前的判断很重要，而判断的依据就是找到大势之趋，不要空谈、乱撞，而人的见识便决定了你的判断速度。决断并不难做，而做决断之前的工作会更加艰难。

你的人生，
不要交给别人操盘

　　有些人遇到问题时，常常愿意听一听别人的意见，集思广益是一件很值得推崇的学习方法，但是一定要明确一点：别人的想法只是建议，真正的大主意还得自己拿，也就是你的人生决断必须要自己做出来。你的人生要掌握在自己手中，不要交给别人操盘，你此时的选择便决定着未来的走向。

　　当然，每个人都有面临选择而无所适从的时候，但人生真正的起点应该是主动选择，做出决断，只有这样你才能活出自我，活出精彩。你选择什么，追求什么，你的未来便是什么。回顾历史，哪一位成功者不是通过自我选择而走向成功的呢？

　　命运应该掌握在自己手中，就算别人给你安排的一切对你充满诱惑，你也要思考一下那是不是你想要的东西，然后做出决断。估计谁也不想做一个提线木偶，那就不要让别人操纵你的人生。

　　詹姆森·哈代对入选美国奥运会游泳队的事显得十分兴奋，而且对提高速度简直着了迷，他觉得爬泳虽然速度很快，但受自身条件影响比较大，可能还有些泳姿更适合。

于是，他很兴奋地将这一想法告诉队友们，但大家都说不可以，有人劝哈代不要犯傻。要知道，一个新的尝试证明一切就要从头开始，是要付出很大代价的。领导也劝哈代说："很多人因为研究新姿势而失败，也有人被淹死，希望你放弃你的念头。"

但是，哈代并没有听从众人的说辞，他坚定地说："如果连尝试的勇气都没有，那么我们人类游泳的速度就永远不可能提高了。"

哈代大胆地对爬泳姿势做出了幅度很大的改动，他让运动员游泳时头朝下，吸气时把脸转向一侧，然后迅速回到水中，再吐出气来，这就是我们常见的自由泳的最初姿势。

这种姿势不仅更加自由和灵活，还因为肢体幅度不是太大而节约了体力，提高了速度。哈代就用这样的方法，在一周之内将游泳时间大大地缩短了。

如今，哈代发明的这种游泳技巧是目前世界上最省力、速度最快的一种游泳姿势，也是很多普通游泳爱好者最喜爱的一种泳姿。也正是因为这一改进，哈代被誉为"现代游泳之父"。

哈代的例子告诉我们，人生掌握在自己手中，如果太在意别人的说辞就会迷失自我。如果当时哈代听了队员和领导的话，放弃研究，那可能我们今天还在用狗爬游泳呢！有一首专门送给微胖界的小姐姐的歌，听后很让人舒服："自己家的地，自己家的粮，自己的肉肉，自己看得爽。"是呀，人生也是如此，你的人生就要牢牢地掌握在自己手里，不要被别人操盘控制，傻傻地为别人活着。

很多女人结婚后便主动放弃工作，做全职主妇，将重心放在丈夫和孩子身上，当然这是她的选择，我们不去做任何评论。但是，当你将你的人生交给别人时，你就注定没有自主权，那么你的未来也就处处充满着变数。

职场也是如此，那些主动选择，有自主创新能力的人往往很受领导重视；而那些只知道埋头苦干的人，虽然任劳任怨，却总是看不到任何人生起色。于是，前者升职加薪，步步为营；后者踏踏实实，却"千年老末"。

不要总是顾虑，
"如果错了怎么办"

　　在我们小时候，有一个故事估计至今都记得，它的名字叫《小马过河》。小马面对小河之所以会不知所措，是因为它被一个疑虑困惑着，在询问过别人没有结果时，它选择了问妈妈，而妈妈只是告诉它："河水深浅你要自己尝试。"生活工作中的我们就像是这匹小马，面对问题时顾虑多了，决断便没有那么容易做出了。

　　人生本来就是充满了尝试，之所以会顾虑多，多半是在想一个问题："如果错了怎么办？"是呀，人生不能重来，如果错了怎么办呢？其实，人生道路没有节点，决定了就为之奋斗，错了再重新开始，人不就是在对错中找寻自我吗？但是，有时候，恰恰你的顾虑多了，方向便更不容易找到了，就像一只原地打转的蚂蚁，别人哪怕错了也很容易重新开始，但你却将时间都浪费在了原地打转的顾虑中。

　　1993年马化腾从深大毕业后，开始做软件工程师。他第一次认识了ICQ，并被其无穷的魅力所吸引，不过，英文版的软件怎么可能在中国流通开呢？

于是，马化腾辞职开始创业了，他决定做一个自己的ICQ。当时马化腾所在的公司规模很大，他每月的薪酬也很理想，家人和朋友纷纷劝说他再考虑考虑。但他毅然辞职，与同学合作注册了一个公司，开始开发中文ICQ软件，从此踏上了创业征途。

马化腾当年做QQ这个产品时，最初的打算是为广州某个政府单位做的招标项目，但是世事难料，他们被刷了下来。

后来，马化腾又先后和几家公司谈判，但因为人们觉得他的说法不靠谱，都回绝了。在当时的情况下，换作别人，可能在权衡利弊之后就放弃这个项目了，而且当时也有不少人劝他放弃。

但马化腾却说："我真的很喜欢这个软件，我还是打算做。"

马化腾把自己从银行的贷款和向朋友筹借的资金全部投到公司中，并不断改进QQ产品。也正是这种坚持的精神，才让我们用上了QQ，我们也拥有了中国人自己的最基本的沟通工具。而多年之后的今天，庞大的腾讯帝国使马化腾成为亚洲新富。

人生本就是充满了未知与变化，所以不要将时间消磨在你还没有尝试的未知中，在你"前怕狼后怕虎"时，机遇就已经与你擦肩而过了。虽然我们面临选择时很痛苦，但如果总是比来比去、左右权衡，更会使我们陷入困惑中。

例如，毕业后是去一线城市发展还是留在小城市过安稳的生活，这是很多年轻人面临的第一个难以做出决断的问题。之所以会顾虑，正是因为怕选错而后悔。想留在机会多、有发展前途的大城市，却又怕竞争激烈，自己难以应付；想去小城市找个稳定的工作过安逸的生活，又觉得浪费了大好青春。

其实，无论你做出什么样的选择，都是需要付出时间和精力的，也都会各有优缺点。面对选择时，与其在顾虑中空耗时间，不如做出决断，并为之努力。美籍华裔企业家王安博士曾经提出的

见 识

"王安论断"就很有力地证明了这一点。

王安六岁那年，有一天外出玩耍，偶然捡到一只小麻雀，像很多小孩子一样，喜欢的东西一定要拿回家，于是他决定把它带回去喂养。

但是，走到门口时，王安忽然想起妈妈说过的话："不允许在家里养小动物！"想到这儿，王安便决定先跟妈妈商量。于是，他把小麻雀放在门后，便进家与妈妈商量，他不停地哀求，一直到妈妈同意。

妈妈看着小小的王安这么恳切，终于破例答应了。得到批准的王安兴奋地跑到门后，却发现小麻雀不见了，原来在外面觅食的一只大猫发现了小麻雀，一口将小麻雀吞进了肚子里。

王安哭了起来，并因为这件事伤心了很久，然后他告诉自己："犹豫不决固然可以免去一些做错事的机会，可也同样失去了成功的机遇。"

也正是因为小时候的这个经历，为王安日后的创业打下了基础，他一个人拿着600美元做出了一番大事业。

人生本就是在尝试中前行的，没有谁拥有"藏宝图"，也没有谁能保证不犯错误，犯些错误又如何呢？所有的经验教训不是都来自错误吗？世上哪有万无一失的成功之路，人生本就是一次冒险之旅，面对问题时，要想成功，就得身怀几分勇往直前的执着和敢撞精神，用勇气代替懦弱和恐惧，用主动替换等待和退缩。

职场中更是如此，往往你的犹豫会使你错失良机，你顾虑的时候，别人早已经把机会把握住了。成功来源于果断的决策，当然，不顾虑与不思考不能画等号，正确的决断应该是在深思熟虑后做出的，不顾虑指的是在做出决定之后不要犹豫，不要怕错误。人生本就充满未知，而为了探索在路上的你是最美的。

辑六
关系：你是谁并不重要，重要的是你和谁在一起

你怎样经营关系，决定你有多大的获益。

人脉红利时代，最重要的一点就是集中精力和资源去深化社交，而不是普天之下泛泛之交。

很多人进入一种误区，把社交当作人际关系的扩张，而这种盲目地"交朋友"导致很多"无效社交"的产生。有价值的社交，首先是要有深度，然后才是有广度。

拓展人脉，
带你走跨越式成功路

　　提到关系，不由地想起著名的"六度分离理论"，指的是你与任何一个陌生人之间隔的人都不会超过五个；也有人这样说，你认识周围的五个人相当于与全世界人都有了间接联系。但很多人为此提出了质疑，这怎么可能呢？其实，与其去探究间接关系能织多大的网，不如以这样的角度去诠释这个理论：如果你与周围的六个人都能关系融洽地相处，那么便可以与世界上的任何一个人打交道。

　　人活着就是在与人打交道，无论是生活还是职场中，无论你是高门显贵还是贫寒子弟，无论是富可敌国还是身无分文，都要学会为人处事，懂得如何处理各种关系。将关系处理好不一定迎来事业有成，但任何一个成功者一定是将关系织成网的人。

　　有些人总在感叹，为什么自己处理的关系这样好，可身边却找不到一个助力人，我的贵人在哪里呢？其实，贵人就在身边，你要想取得跨越式的成功，就要先整理自己的关系网，发现身边的贵人。

　　郭靖这个憨憨傻傻的小子应该每个人都熟悉吧？他是金庸武侠小说《射雕英雄传》中的一个人物，他的人生在平常人看来简直就是开了挂，从一个大草原上的傻小子一跃成为成吉思汗的"金刀驸马"，他这种跨越式的成功就是源自他的关系网和身边人。

郭靖从小就没了爹，生活在一个单亲家庭中。他的母亲李萍是草原上的牧羊女，他的童年就是在母亲的鞭声中度过的。之后，一个意外的机会，他雪中送炭般地救下了哲别，哲别也就收了这个傻小子做徒弟，教他武功。可以说，哲别是郭靖无意间得来的贵人，他给了郭靖能量，促使他走出了草原。

之后，郭靖又与江南七怪建立了关系，拜比哲别还要厉害的江南七怪为师，让郭靖又有了一个大的跨越。如果要追根溯源，江南七怪其实早早就存在于郭靖的人生路上，因为他们是郭靖父亲的关系网。

早在郭靖出生前，他的父亲郭啸天是一位慷慨豪爽的大侠。当时，郭啸天就有一位好朋友叫丘处机，而也正是这位丘处机与江南七怪打赌，才使江南七怪离开江南来到了郭靖所在的边塞。

拜师江南七怪后，已经是翩翩少年的郭靖终于遇到了改变他一生的人，她就是华筝公主。华筝公主是蒙古王成吉思汗的女儿，这次郭靖有了一个质的飞越，凭着一箭双雕的功夫做了成吉思汗的"金刀驸马"。

试想下，如果郭靖没有拜师哲别，他这一辈子就都是牧羊人；如果没有拜师江南七怪，那他顶多会成为哲别培养出来的骁勇武士；如果没有遇到华筝公主，那他顶多就是江南七怪的得意门生、江湖游侠。可是，他都遇到了，所以他有了跨越式的成功。当然，这几条关系线也都不能独立存在，没有哲别的启蒙，江南七怪不会发现这个人才；没有江南七怪的教导，郭靖也不会让蒙古王惊叹；没有华筝公主，郭靖本领再高，也不会有在蒙古王面前施展的机会。

见 识

哲别、江南七怪、华筝是郭靖在蒙古时的人生贵人，当然，看过小说的人还会提到两个人，拖雷王子和全真教马钰，他们同样也是郭靖的人生助力人。哲别、江南七怪、马钰教会了郭靖本领，华筝和拖雷带郭靖走入了上流社会，正是有了这张关系网，郭靖才得以从一个牧羊小童到"金刀驸马"，这是多大的飞越呀。

当然，现实生活中的我们是没有主角光环的，所以贵人不会主动来到你的身边，那么你就要学会拓展人脉，扩大你的关系网。只有你的人脉足够多，关系网足够大时，你才能更容易感受到"要风得风，要雨得雨"。拓展你的人脉，你的网织得够大，那你走向跨越式成功的路便会更容易。

微商是近些年来兴起的商业模式，很多人通过微商取得了跨越式的成功，但是提到微商还是有些人说容易，有些人说困难。其实，微商就是拓展人脉，走跨越式成功路最好的证明。之所以说它容易，是因为它可以省去很多不必要的成本，可以获得更多的利润，容易赚得多，而且说它容易的人一定有着强大的人脉圈，要不然酒再香也怕巷子深；之所以说它困难，就是明明利益就摆在那里，可自己的人脉太少，关系网太小，庙再灵验也得要香火供的。

比尔·盖茨的故事已经不止一次地出现在励志类书上，很多人将他成为世界首富归功于其在电脑上的才能，但是你不知道，他的强大的人脉资源同样注定了他一定是成功者。

微软公司创立之初，比尔·盖茨还是别人眼中的"小朋友"，当时大名鼎鼎的电脑公司IBM的董事会董事中，有一位成就了比尔·盖茨的辉煌，她就是比尔·盖茨的母亲。

当时，比尔·盖茨的母亲有着不可小视的影响力，在母亲的帮助下，比尔·盖茨认识了IBM的董事长。也正是那一年，当时只有20岁的比尔·盖茨得到了人生中的第一笔巨额财富。

拿着一纸合约，比尔·盖茨毅然决然从哈佛辍学，做起了他喜欢的电脑研究，并将合约完成得非常出色。

试想下，如果当时没有母亲的圈子发挥重要作用，比尔·盖茨不可能在短时间内就让别人看到自己的能力。这时的比尔·盖茨也认识到了这一点，所以，之后比尔·盖茨便不断走进新的圈子，扩充自己的人脉圈。

比尔·盖茨有两个圈子最重要，第一个圈子就是他的合伙人——保罗·艾伦，了解微软历史的人一定会对艾伦很熟悉，他在微软史上的重要性仅次于比尔·盖茨。在微软公司，艾伦将自己的智慧奉献了出来，同时也将自己的人脉圈贡献了出来。

比尔·盖茨最重要的第二个圈子是他在商场上一位好朋友——彦西。都说同行是冤家，可比尔·盖茨的这位日本朋友非但没有将比尔·盖茨视为敌人，还给他讲了很多关于日本市场的开发问题，同时还将日本个人电脑开发项目介绍给了比尔·盖茨，开拓了新的市场。

人脉是需要自己努力拓展的，关系网也是通过自己的为人处事来织成的。任何一个你认为成功的人的背后，一定有一个强大的人际关系网作为支撑。因此，生活工作中，多多与人接触，在扩大关系网的同时，你就会离成功更近一步。

你的朋友，
也可分个三六九等

　　朋友是什么？有人说朋友就是两块相连的肉，他哭时你伤心，他笑时你快乐；也有人说朋友就是身边所有熟悉的人，五湖四海，见面便为朋友。到底什么是朋友呢？古人说："同门为朋，同志为友。"意思是一个老师教出来的同学之间就可以称为"朋"，而真正志同道合的人才能称为"友"。

　　由此看来，古代的"友"比"朋"的关系更近一层，那么现代汉语将两字连用，就可以理解为两人彼此熟悉，以诚相待，甚至肝胆相照，都可以称为朋友。既然朋友也有亲疏远近，那么你的关系网中的朋友是不是也该分个"三六九等"？

　　简单点说，你应该明白在你的许多朋友中，谁是你生病时一叫就到的人，谁是可以让你两肋插刀的人。更简单点说，你的朋友中，你借十万元找谁借，借一万元找谁借，借一千元找谁借，哪怕你"厚此薄彼"地给朋友分"三六九等"，他们在你心中也是有一个等级关系的。

　　三国时期，卧龙先生诸葛亮曾经对朋友的分类给出了明确的判断标准。他说："词若悬流，奇谋不测，博文广见，多艺多才，此万夫所望，引为上宾。"意思是：口若悬河，滔滔不绝的人；有奇谋异才，神鬼莫测的人；知识渊博，见多识广的人；多才多艺的人。这些人诸葛亮很看重，他把这些人奉为上宾，而且在与他们交往时往往会坦诚相见，肝胆相照。

他说："猛如熊虎，捷若腾猿，刚如铁石，利若龙泉，此一时之雄，引为中宾。"意思是：如熊虎般勇猛无比的人，机灵敏捷赛过腾跃的猿猴的人，如铁石一般刚强不屈的人，如龙泉剑一般犀利无比、干脆利落的人。这些人一般都可以称之为英雄豪杰，或者换句话说他们是一介武夫，在交往中不怠慢就可以了，只是不用推心置腹。

他说："多方或中，薄技小才。此常人之能，引为下宾。"意思是：才艺一般，只有偶尔有用的人。与这些人交往就不必浪费太多的时间，只需要泛泛而交就可以了。

这是诸葛亮整理他的人际关系网的标准，或许你觉得他太过于现实，但事实不正是如此吗？人的精力是有限的，既然大名鼎鼎的卧龙先生都要将朋友分个三六九等，你又何必浪费自己的心力呢？

或许你还会觉得将朋友分别对待，似乎有些不仗义或者并不是大丈夫之所为，但是，换个角度想一想，你有限的精力被朋友们分配着，哪怕是钢金铁骨也有被累坏的时候吧？而且，你也许早已经被朋友分了等级，慢慢消磨下去的你是不是已经成为朋友的第三级了呢？那时，你想给朋友平等对待朋友也许没有那个时间呢！

马云说："当你有1个傻瓜时，你会很痛苦；你有50个傻瓜是最幸福的，吃饭、睡觉、上厕所排着队去。你有1个聪明人时很带劲；你有50个聪明人时实际上是最痛苦的，谁都不服谁。"所以，关系网中的朋友必须是分等次的，什么样的事情，什么等级的朋友帮你处理，你也要做到心中有数。换句话说，不同等级的朋友，你的付出也要区别对待。那么，朋友应该怎么分个三六九等呢？

其实，每个人都有自己独特的性情、脾气、社会环境、为人处事……我们可以根据自己的生活经验来分级，感觉与自己关系好的就定在第一级，然后依次往下排，觉得只是简单相识的，就可以排到最后边。这种分级方法最简单，也是很多人常用的，但是它的弊端就是太主观，有时你看到的、听到的都不一定是真的，更何况感觉呢？

所以，有些人便尝试新的方法。有一种方法最值得推荐，以朋友的特点来分级别，可以简单地把朋友分为"可深交"与"不可深交"两种，"可深交"的人愿意为朋友两肋插刀，而且把你当成他的"可深交"的好友，愿意你与分享他的一切；"不可深交"的朋友就与他平常礼仪相待，当然，你想要拜托的事也尽量不要找他。

如果把分法分得更仔细一点，就可分为"手足""知己""老友""好友""伙伴""熟人"几个等级，从名字就可以很简单地判定朋友的级别了。与什么样的人在一起，你就会有一个什么样的人生，所以朋友要慎重选择，谨慎交往。

忽视枢纽，
你的朋友圈还有什么用

　　常听说人"酒香不怕巷子深"，但事实证明，酒虽然藏于巷子之中，但香味却可以飘得很远，哪怕身在陋巷，味道却给自己打着广告。但是，现实社会中很多人会被这句话误解，自显清高，不去拓宽人际关系圈，还以"是金子迟早会发光的"来作为座右铭。殊不知金子想要发光，它得与多少砂粒搞好关系，才得以跻身向前露出那金灿灿的光辉出头呀！

　　志趣高洁与自视清高不等同，诸葛亮未出茅庐已定三分天下，可很多人却如桃花源人不知汉魏。每个人都不可能独立地生活于世界之中，人与人、事与事，交错复杂地连接在一起，才构成了这个多彩的世界。俗话说："朋友多了路好走。"正因为朋友多了，信息量也会相应增大，所以你可以得到的发展机会也会越来越多。

　　环顾自己的周围，你会发现，有些人在你的朋友圈中占着C位，却对你毫无帮助；而有些人虽然常常被你忽视，但你却离不开他，因为他就像管道中的枢纽，为你提供了很多信息，对你的生活工作起着至关重要的作用。

见　识

罗云远可能你不熟悉，但是在湖北省他可是一个鼎鼎有名的人物，他就是凭借了朋友的枢纽作用，因为一条信息而发了家。

1995年，对于罗云远来说，这是一个很普通的日子，他在和一大帮朋友一起吃饭、聊天。但是，谁也没有想到，一顿饭之后，罗云远发生了翻天覆地的改变。

聚会中，罗云远身边坐着一位在电力系统工作的朋友，平日两人并没有什么来往，只是相识，今天又恰巧坐在了相邻的位置。罗云远有一句无一句地和这位朋友聊天："最近工作忙吧？下一步你们有什么动作？"

朋友也并没有在意，随口说："马上要开始改造湖北省电网了。"

回到家，罗云远回忆起那位朋友的话，他心里的小算盘就响起来了："改造电网？那样就会需要大量的电表、电线、电缆之类的产品，而且每家每户都有需求，但是这里买根电线还得跑很远，电力产品在这里根本就是市场空白啊！"

突然，罗云远想到了什么，第二天，他就坐上了回浙江老家的车。

回到家，他来到了一家中外合资的五金厂，很顺利地谈下了该厂电表在湖北地区的独家代理权。

一个月之后，湖北电网改造的消息正式对外宣布了。很多人听到消息马上去浙江进货，但都扑了空，因为罗云远早已经签走了独家代理权。

就这样，罗云远在湖北电网改造的五年当中，利用优质产品形成了垄断之势，创造了高达数千万元的销售额，身家翻了上百倍。而罗云远最应该感谢的就是那条随口一说的消息，也最应该感谢给他信息的那位朋友。

其实，生活中很多信息都不是有意制造的，而是需要自己留心。为你提供消息的人虽然是关系网中重要的枢纽，但你的朋友圈中谁是那个枢纽，大家并没有写在脸上，是需要你的洞察能力发掘的。

正是因为朋友的一条信息，罗云远才拔了头筹。现代社会本就是一个信息社会，谁占了先机，谁就会最先看到奇迹。拥有无限量的信息，我们便可以拥有无限量的发展机会，那么，我们怎样才拥有这无限量的信息呢？报纸杂志、电视电脑都可以，但有一个比它们更重要，那就是人脉的传播。

有很多人就看中了人脉圈的这种枢纽作用，并以此作为自己发展的助力。例如，微商，他们将自己的关系网作为自己的潜在客户，在稳固地做着生意的同时，朋友圈也在扩大，而朋友圈越大，自己的生意也就越好。有人笑称：微商就是做朋友的生意。

再如，很多房产中介，他们就是关系网中的可视化枢纽，利用枢纽作用给人们提供了无限的便利，也使自己的生意变得红红火火。

我们常常会感叹，为什么他总能解决很多问题？为什么他有如此高的见识？为什么他总能知道最新的消息？……其实，一个人丰富的阅历不只是来自他的文化水平有多高，更多的是通过时间来积累的。建立一个庞大的人脉关系圈，那便可以有四通八达的消息送进你的耳朵中。

我们常常听到这样的话，事儿不大，可怎么就传得这么快呢？在一个小村子里，每家每户都有故事，而茶余饭后的谈资就是这些故事，所以你以为就邻居知道的事儿，其实全村都已经知晓，这便是人脉圈的庞大力量。

都说诸葛亮未出茅庐已经定三分天下，但未出茅庐的他大门不出二门不迈，他是如何了解天下的呢？这就需要研究一下诸葛亮的人际关系圈了。你会发现，在他的关系圈中，有些人是起着至关重要的枢纽作用的。

虽然说诸葛亮自称"躬耕于南阳"，但历史上却没有任何文字记录他躬耕，他自己也没有写过任何一篇关于如何用锄头锄地的事。所以，估计他只是一位隐者，而非躬耕者。

他的大部分时间都做什么了呢？自然不只是做学问、吟诗、弹琴。研究一下你就会发现，他的大部分时间都在与博陵崔州平、颍川石广元、汝南孟公威这些人来往，他们在诸葛亮的关系网中起到了至关重要的枢纽作用。以此看来，诸葛亮所掌握的大事也是这些人提供的，而他的名声也是这些人宣传出去的。

当然，诸葛亮自己也很会利用关系网中的枢纽作用，他在隆中时朋友很多，性格又随和，名声传出去之后，自然会吸引来更多的朋友；而这些朋友了解了诸葛亮之后也明白他胸怀大志，不可能一辈子窝于隆中。

三顾茅庐其实也是诸葛亮利用关系圈的枢纽作用经营出来的，他从朋友那里得知最近这里来了一个叫刘备的人，也得知刘备是一个什么样的人，于是就开始利用各种关系、各类人来为自己营造口碑，甚至教农夫唱山歌，以渲染自己的美名。

当这些信息传到刘备的耳朵时，诸葛亮的目的也就达到了，遇明主，展才华。诸葛亮虽然隐居却不闭塞，他很懂得从朋友那里获得信息的重要性。而在如今这个信息传播速度如此之快的时代，如果你的人脉关系网小，你得到的信息自然就会相对较少，而你的发展机会也便相应不多。

所以，我们要像蝙蝠那样，有一双可以收集信息的耳朵，扩大自己的朋友圈，将朋友的枢纽作用弄清楚。如果遇上了有价值的信息，那就要好好地把握住，成为执行力最强的那个人。

当然，你的人脉关系网越是复杂，你得到的信息就会越复杂，可能会有很多信息你得到了，自己却不想用，那就把它们传播给你的朋友，这样你在你朋友的关系网中同样起到了枢纽作用。久而久之，关系网会因你的枢纽作用而更壮大，呈正比地稳步发展。

近朱者赤，
与优秀的人并肩前行

　　古人云："近朱者赤，近墨者黑。"我们也常常听到："你与什么样的人在一起，你便会有一个什么样的人生。"在大学中，我们常常会看到这样的现象，一个宿舍一个特点，有的宿舍人喜欢考级，不管什么专业，他们就是喜欢把证书拿在手里的感觉；有的宿舍人就是喜欢打游戏，哪怕通宵不睡，也要一起"吃鸡"。小时候，妈妈常跟我们说："不要跟坏孩子玩。"其实，"近朱者赤"是我们从小就懂得的道理，可当你自己经营人脉圈时，有没有注意呢？

　　一个人选择什么样的人做朋友，他就会有一个什么样的人生。"当你和一群雉鸡交往时，你所看到的就是雉鸡的世界；当你和麻雀一起嬉闹时，你所拥有的是枝头间的快乐；当你与苍鹰为伍时，你得到的是整个蔚蓝的天空。"生活工作更是如此，如果你的人际关系网错综复杂，你就一定要有辩识能力，主动去寻找那些真正能带你飞上蓝天的人。

　　你的朋友圈中，那些优秀的人所具备的能量无限大，他们会在无形中将你变得更优秀，而当你选择与他们为舞时，你会发现自己的成功之路会变得很顺畅。之所以我们会在社会中看到各种各样被树立起来的榜样，其实也是这个道理，希望我们从榜样的力量中提升自己。

保罗·艾伦的名字相信你并不陌生吧，他就是比尔·盖茨的副总，为微软创造了巨大的财富。

保罗·艾伦一生有很多爱好，既喜欢音乐，同时也对天文学格外感兴趣。他只要一有时间，就会沉浸在音乐中，或者望着天空发呆。

不过，了解他的人都知道，他曾经是一个不善交际的人。中学期间，保罗·艾伦只有一个朋友，他是一位金发的美国男孩。

这位金发男孩比保罗·艾伦低两个年级，因为保罗·艾伦的父亲是一名图书管理员，所以这个男孩就经常到他的班里找他借书，都是一些关于电脑之类的书籍，一来二去，两个人便成了好朋友。

久而久之，保罗·艾伦发现他与这个金发男孩的共同话题越来越多，他们的关系也越来越亲密。同时，保罗·艾伦受这个男孩的影响，对电脑也是越来越有兴趣，他们两个人经常出入学校的计算机房，一起玩编程游戏。

中学临近毕业时，保罗·艾伦的计算机编程能力已经大大提高，当然那个金发男孩的能力比他还要好。

后来，他顺利地考入了华盛顿州立大学，学习他最爱的航天专业；第二年，那位金发男孩也以优异的成绩考入了哈佛，不过，他学的是法律专业。

他们两人曾经约定考入同一大学，但愿望没有实现。虽然距离也比过去远了许多，但是金发男孩还是继续跟艾伦借书，他们的编程游戏一直在继续着，根本没有因为距离而停止。

1974年的寒假，保罗·艾伦在家里翻看《流行电子》杂志，这时，一篇文章让他的眼睛睁大了，这篇文章记叙了世界上第一台微型计算机研制成功，同时还说计算机将来一定会出现在家庭中，并成为工作生活中最重要的辅助工具。

突然，保罗·艾伦的脑子中浮现出那个金发男孩的样子，还有他曾经在学校抱怨计算机太笨重的话。保罗·艾伦按捺不住激动的心情，他异常兴奋，几乎是一路狂奔地来到了哈佛大学，把杂志给了金发男孩。

金发男孩读完了文章，没有像保罗·艾伦一样高兴地跳，他停顿了片刻，然后对他说："艾伦，你别去学校了，咱们俩一起干点正经事，在计算机领域大展拳脚吧！"

保罗·艾伦被金发男孩的突然邀请吓住了，不去学校就表示要退学，那么以自己的能力是不是可以退学了呢？看来男孩想与他一起研发计算机，男孩的说法行得通吗？

一翻考虑之后，保罗·艾伦还是接受了邀请。他们二人开始了废寝忘食、夜以继日的研发工作。短短八个星期的时间，他们就用Basic语言编了一套可以装进那台名为Altair8008的家用电脑里的程序，而且这套程序完全可以像汽车制造厂的大型计算机一样运行。

他们带着这套程序走访了微型计算机生产厂家，厂家看到程序后立刻给了他们3000美元的基价，并告诉他们："如果以后每出一份程序拷贝，就会付给你们30美元的版税。"

两人在回去的路上兴奋极了，保罗·艾伦也没想到就是凭着一条杂志信息，他就能与男孩一起旷课，也没有想到他们花八个星期编出来的程序，可以帮他们赚到人生的第一桶金。

他们拿到人生第一桶金后，并没有停下研究开发的步伐，并做了一个最大的决定——退学创业。就在三个月后，一家名为微软的计算机软件开发公司在波士顿注册。当然，这时你一定会猜出了，那个金发男孩就是比尔·盖茨。

如今，保罗·艾伦虽然没有像金发男孩那样成为世界首富，却也在"福布斯排行榜"上占据着重要位置。

　　有人说，保罗·艾伦是一位"一不留神成了亿万富翁"的人，但他却不是一个靠着朋友吃软饭的人，他有着自己的野心，也拥有强大的能力，成功只是或早或晚的事，但是当万事俱备，只欠东风时，比尔·盖茨给他送来了力量，与这个优秀的朋友在一起，保罗·艾伦的成功之路便走得更加顺畅了。

　　古人云："与善人居，如入芝兰之室，久而不闻其香；与不善人居，如入鲍鱼之肆，久而不闻其臭。"很多时候，我们可能并不会看清自己到底有着一个怎样的人脉关系圈，但久而久之就会被这个圈所感染。孟子的母亲之所以会三迁其居，就是因为她想给儿子创造一个好的人脉圈。

　　"和狼生活在一起，你只能学会嗥叫；和那些优秀的人接触，你就会受到良好的影响。"这是犹太经典《塔木德》中的一句话，我们虽然有时并不能主宰我们的人脉圈，但我们可以对他们进行分类和选择，与优秀的人一起，你会发现你也会越变越优秀。

　　香港商业"三剑侠"的称号在香港家喻户晓，李兆基、郭得胜、冯景禧的名字也是人人俱知，他们三个虽然是好朋友，却性格特点各有不同。

　　李兆基是三人中年龄最小的，但是年轻人主意多，点子常常会很有创意；郭得胜是三人中的老大哥，因为年龄的特点，他所拥有的经验其他二人是不能比拟的，而面对任何事时老练的处理手段也让人佩；冯景禧处于中间位置，他的最大特点就是精通财务，擅长证券交易。

　　这三个人拆分开可能并不会给人留下什么印象，但当各有所长的他们组建了公司后，发挥各自长处，对公司的发展起到了至关重要的作用。

　　1958年，这三个年轻人真的走到了一起，组成了"三人组"，创建了永业企业公司，做地产生意。他们在香港商场上留下了一段好朋友同心协力共创大业的佳话。

公司成立之初，他们决定收入沙田酒店，然后将那些虽然现在无人问津，却很有发展前景的地皮收入名下，然后经过开发后重新售出。

老房子在他们重建物业后，采用"分层出售，分期付款"的方式来出售，消费者对这种销售方法很受用，房子开发以来，没多久便一售而空。自此以后，三个人的名字也轰动了香港地产，人称香港商业"三剑侠"。

李兆基、郭得胜、冯景禧这三个人各有所长，恰好可以在生意上做到完美互补。在这三个人中，他们每个人对于剩下两个人来说，都是那种能够帮助自己、使自己得到提高、能让自己更快成功的人，都是对方的榜样式人物。

犹太人很奇特，他们虽然人口不多，却被称为"世界上最有智慧"的人。犹太人有一句谚语："就是穷，也要站在富人堆里。"但是，我们生活中很多人并不喜欢这样，他们有着极高的"自尊"，总喜欢站在人前，而他们的这种自尊心让他们从来不喜欢和比自己优秀的人在一起，因为怕被比下去。再看这些人的关系圈，全是不如自己的人。试想一下，你的人脉圈的人都在指着你吃饭，那你又能指着谁吃饭呢？

纵观商界，这样的例子还有很多。为什么这样的朋友、这样的人脉会更容易结交？因为你们之间是互相需要的，双方都会努力维持彼此之间的关系。而对于那些处处都比你优秀的人来说，你对他就不是必需之人，这样的关系就需要你更加尽心尽力地去经营，去维护，而不是等着对方先做出行动。

与那些优秀的人为伍吧，他们可以帮助你、教你，让你学到很多东西，帮助你在财富的战场上更加游刃有余。只要你能做到这一点，那么收获一个亿的财富梦想，就可以成为你的囊中之物。

空间的假日，
正是"织网"的好时节

"假日"这个词，对于不同的人来说有着不同的感受。有些人的假日就是可以通宵玩游戏，不再担心第二天上班起不来；有些人的假日就是睡个昏天黑地，好好养精蓄锐；有些人的假日则是嗨翻天地，大吃大喝大唱K……这些假日生活对于我们来说再熟悉不过，但对于一些成功者来说，那简直就是在浪费大好时光。

假日没有了工作的压力，正是可以好好充电的好时间。你一定还记得那些"假期回归型"学霸，他们平日里默默无闻，但只要放假后回校，自己的才能便"砰砰"而出，为什么呢？当然不可能放假后睡一觉，或者玩个痛快成绩就飞速提高了吧？他对工作后的我们同样有着积极的榜样作用。有些人总是感叹为什么别人的朋友圈那么大，谁都认识，但自己几年来还是那么点人脉。人脉是需要积累拓展的，而假日就是织就关系网的好时节。

路晶是一个外企的普通员工，五年前，她在办理一份公司的保险业务时认识了当时的客户经理蒋小飞，大家都说蒋小飞是全公司最好的推销员，墙上的业绩统计表中，蒋小飞的照片也被放在了最前面。

业务结束后，路晶有时遇到一些有关保险的问题时总会给蒋小飞打个电话，一来二去，两人成了好朋友。

路晶给蒋小飞介绍了一单业务，蒋小飞便主动邀请路晶吃饭，作为答谢。用餐时，先后有两个人过来给蒋小飞打招呼，蒋小飞也是满脸堆笑地附和。路晶禁不住好奇地说："你怎么认识这么多人？"

"哦，做我们这一行的，全靠广结朋友来做业务呢。"蒋小飞笑着说。

路晶又问："那你用什么方法结识了这么多朋友呢？"

"方法？"蒋小飞笑笑，指了指路晶说，"一些朋友像你我一样，因为业务结识的；而一些朋友是在假日里的一些活动中结识的。"

路晶点点头，恍然大悟，原来休闲时光中的一些活动，正是拓展自己朋友圈的好时候呀。从那以后，路晶的假日就成了她有目的社交的日子。

之前路晶是很不乐意参加一些聚会的，特别是那些以什么联络感情、增进友谊为目的的聚会，她都会找各种各样的理由推脱，因为她觉得没有必要，老朋友不会因为你没去聚会就不理你，而新朋友多半只是一面之缘。

实际上聚会是聚集人气、拓展人脉的好地方，当你参加聚会时，就代表你的人脉圈要马上扩大了。至于有些人你在聚会中认识了，日后却成了陌生人，那是你经营朋友圈的能力问题。现在，路晶收到聚会的邀请后，都会美美地打扮一番，然后乐呵呵的出门，她告诉自己："聚会是有意义的，我的人脉马上就要更加壮大了。"

虽然带着目的参加聚会让人感觉有些功利性，但事实就是如此，聚会不就是为"不忘老朋友，结识新朋友"而设定的吗？路晶明白这个道理后，她就在聚会中不断地结识新朋友，也不断地拉拢老朋友，从来不会在聚会上谈工作，给人的感觉也很舒服。很多朋友都被路晶的真诚打动，和她做了朋友。

路晶将这些朋友一个个记下来，平时偶尔发个信息、打个电话增进一下感情；对于一些新朋友，路晶也会在假日中再次发出邀请以增进感情。久而久知，朋友觉得路晶是一个真诚的人，所以有业务也乐于介绍给路晶，路晶彻底感觉到了人际关系圈的强大。

平日里，我们忙于工作，没有时间去与人交流、交往，那就将假日利用起来，那些不用工作的周末，与老朋友一起吃饭，巩固友情；那些种种门类的聚会，可以结识一些新朋友，自己的人脉关系圈也会随之扩大。

在安闲的假日中，不要再泡在电影院追着院线电影傻笑了，也不要在虚拟世界中找存在感了，更不要与周公约会而无法自拔了。走出去，哪怕只是在街上走走，偶遇的陌生人也可能就是你人脉关系圈中的富贵资源。

打破固定的圈子，
不断往高处走

　　世界上没有完全相同的两个人，但人与人之间也有很多共性。俗话说，"物以类聚，人以群分"，人与人总会因为某个特点聚在一起，如同事，因为工作而聚；票友，因为爱好而聚；社团，因为特长而聚……

　　观察周围的人你会发现，有些人有很多圈子，作为社会人，圈子越多，认识的人也就越多，人脉便越广。但遗憾的是，有些人却总喜欢待在自己的小圈子里，与谈得来的人交往，拒绝结交更多的朋友。一个生活在固定圈子的人，怎么能有提升和改变呢？

　　举个最简单的例子，我们买来一株绿植，随着施肥、浇水和我们的精心打理，它的蔓越长越长。可是有一天你发现，它竟然不长了，原因是什么呢？因为花盆限制了它的生长，所以这时我们就要给它换一个花盆，给它更广阔的天地。

　　每个人都想待在一个熟悉的圈子里过着一成不变的安逸生活，但是，这种安逸有一天一定会变成危机。当你圈子里的朋友开始自我发现，这个小圈子已经不能达到他的要求的时候，他一定会打破固定的

见　识

朋友圈，进入更广阔的人脉关系网中。那时，你又该怎么办呢？

当然，走出固定的圈子会让你感到很不适应，但不是任何人都"生而知之"的，与不熟识的人交往，最开始时你会觉得不舒服、很累，但久而久之，你必将发现扩大人际交往圈的优点。当你的圈子半径越画越大时，你已经要与成功牵手了。

林丽自小比较个性，上学时就只有一两个朋友，虽然学习成绩一直很突出，但在同学的眼里，她就是一个清高的人，不食人间烟火。

毕业后，林丽又顺利地进入了一家著名的网络信息工程公司，做了后勤，但她还是不愿意与过多的人接触，更是对职场的尔虞我诈充满了畏惧感。所以，上班后她又把自己的心关了起来。

平日里，她只与后勤的几个同事在一起，而且她的心里又建立了一个坚固的"城堡"——只与后勤同事来往。

不过，大家都知道，信息公司的主要业务在技术那一块，而后勤的主要任务就是与工程部做好沟通，只有工程师才是公司的人才、核心力量。

因为林丽平日根本不与工程部的人来往，很多工程师都对林丽有意见，所以林丽的某些工作也自然开展得不顺利。在实习期过后的考核中，林丽的成绩并不理想，老板也质疑以她的能力是否可以胜任。

此时，林丽才意识到自己出了问题。为了避免自己成为鱿鱼被炒掉，她决定突破自我，打破自己固定的圈子，将圈子扩展到工程部。

人们发现，在第一次考核之后，林丽像变了个人似的，之前与工程部或者其他部门的聚会林丽总是找各种理由推掉，而现在她不仅乐意去聚会，有时自己还会攒个局。而且，除了聚会之外，周末她也会参加工程部举办的一些活动。久而久之，林丽与工程部的人越来越熟，林丽的工作开展得也越来越顺利。

　　到了第二次年终考核时，林丽的票数明显高出了很多，个别交流的工程部人员也表示同意林丽继续留任，因为大家都挺喜欢这个热情、开朗的小姑娘。自然，林丽以优异的成绩及绝对多的票数留在了公司。

　　林丽从自己的改变中尝到了甜头，最开始她逼着自己进入别人的圈子里，而现在她很喜欢穿梭于各种圈子中，她现在有人脉、有信息、有经验，受到了公司高层的夸赞，并获得了后勤部最高年终奖。

　　卡耐基可以称为美国人际关系的大师，他曾经说过："一个人的成功，专业知识作用占15%，而其余的85%则取决于人际关系。"这个社会是不能独立生存的，不同的圈子有不同的能量，在不同的圈子里，你才能吸取不同的能量。当你与各种领域的人有了关联之后，你会发现自己的路走得比以前更顺畅了。

　　那么怎样才能打破自己固定的朋友圈，扩展关系网呢？最简单的方法就是："参与"。社会原本就是一个大家庭，是由陌生人、有过交集的人、半熟的人、熟悉的人和朋友组成。对于这些人，我们都可以通过各种形式与其建立某种联系。

　　对于这一点，一些推销员的经验我们可以借用过来。他们无论什么时候都对人很亲切，不放弃任何一个结交朋友的机会，即使是陌生人，他们也会很熟络地聊天，参与到对方的话题中。当互通联系方式之后，他们就成功地又进入了一个小圈子了。

　　我们可能不能马上具备他们"见面熟"的本领，但是对陌生人的不拒绝我们是可以做到的。"人有见面之情"，当你打开心门时，你便会发现，大多数人都是友善的。当然，我们也可以间接地接触更多的人，如参与社会活动、通过朋友聚会结识等，都是不错的选择。

　　当然，除了自己主动去开拓外，还可以让朋友帮你拓展，或者接纳别人的拓展。那么，怎么才能让别人心甘情愿地引你入圈呢？这也是需要你自我经营的。

首先，一定要给别人一个接纳你的理由，这就需要提升自我价值，或者说你自己要足够强大。只有让别人觉得你"有用"或者"有趣"时，别人才会主动向你抛出橄榄枝。不要以为这种做法很物质，说直白点，从一个圈子走到另一个圈子，不就是一种价值所需吗？你需要所以才会去，人家需要所以才会接受，这是一个很简单的道理。

其次，要提高自己的舒适点。追根溯源，我们之所以将圈子固定，还是因为觉得去别的圈子不舒适，这种舒适点是一个人在不同的场合感觉到的不同的自在程度。当一个人的舒适点极低时，便会对周围挑剔，喜欢守旧，不想接触新事物；可是当一个人的舒适点提高后，进入一个新环境后就会马上消化掉任何不良反应，迅速适应。

打破固定的圈子，扩展人脉，自身价值也会不断地提升。所以，主动地解放自己，打破自己狭小的圈子，参与到更多的圈子中去，主动走向陌生人，将陌生人变成你的助力人，你将会走得更远，飞得更高。

火眼金睛，识别正负能量

　　朋友遍天下，自然自己也可以走天下，可是，当你处处广交朋友，就一定好吗？你的关系网很大很大，却处处漏洞，恐怕也不是什么好事吧？在鱼龙混杂的关系圈中，便会有龙，有鱼；也会有君子，有小人；有神仙，有妖怪。所以，关系网越大，就越要求我们有一双火眼金睛，识别人心。

　　自己是谁并不重要，重要的是你有一个怎样的关系圈，认识一些什么样的人，你就有可能成为什么样，这也是你在别人眼中的印象。如此看来，识别人际关系网中的正负能量是很重要的，这就像玉石出现在"鬼市"上，很多人认为是玻璃；而玻璃摆在高档展柜中，你可能会认为它价值连城。

　　赤壁之战是历史上非常著名的战争，哪怕你不了解真正的历史，《三国演义》总还是看过的。曹操就是一位"求贤若渴"的君主，我们不去管他后期的做法如何，总之，他十分愿意将良将谋才吸引到自己的身边。

　　因为曹操的声誉、广交朋友的态度及他大汉丞相的身份，吸引了很多人投靠到他的麾下，他也因此得贤才相助，取得了不少胜利。

　　曾经，曹操在官渡之时，许攸前来投靠，曹操很是热情，把许攸当作多年未见的好友一般看重。也正是曹操的这种表现，在几年后出征乌桓灭刘表时，他得到了许攸的相救才保住了性命。

不过，在赤壁之战时，曹操就没有那么幸运了。自己一直以为是好朋友的庞统就在那时彻底摆了曹操一道，曹操也算是吃了好朋友的亏，个中滋味只有曹操自己知道。

庞统这个人十分了得，他的能力远远高于许攸。在当时，人们都说天下有两位奇人，得一人可得天下。诸葛亮被刘备三顾茅庐请走了，而还有一位就是号称凤雏的庞统。当时，庞统主动向曹操来示好，求贤若渴的曹操当然想得到庞统的扶助了，更别说是庞统主动示好了，所以他以大礼相迎，奉庞统为上宾。

但庞统却没有想着曹操，曹操的做法正中他的下怀，于是向曹操献了连环计。连环计本身设计得没有任何问题，但为什么曹操会着了庞统的道呢？这便是曹操自负，不识敌友的关键性问题。

庞统让原本不善水战的曹军士兵能够在长江上跟东吴士兵一争长短，曹操也觉得这是一套周密的计划，但万万没想到东吴有后招，大冬天起了东南风，一把火烧起来，让曹操的连在一起的战船全都被烧了，连环计把自己套在了里面。

在曹操看来，许攸和庞统都是投奔自己而来，两个人心里都有宏图大志，心里全都装着帮曹操克敌制胜的良方，但是为什么一个救了危难，一个却做了陷阱呢？在许攸心里，一心想的就是怎么帮助曹操打败袁绍，曹操的真诚与热情让他更有了信心；而庞统本来就是存心来当卧底害曹操的，曹操却对庞统一腔热忱，像得了宝贝似的，那与引狼入室又有什么区别呢？

你也许会觉得身为一代枭雄的曹操怎么会如此识人不清，但是你有没有想过，在我们的复杂的人脉关系网中，哪个是许攸，哪个又是庞统呢？如果你是曹操，恐怕也未必能真的分清忠奸吧？

　　我们常常为那些被朋友坑了的人抱不平，可是有没有想过被朋友坑的大半原因是自己造成的呢？世界上没有两片完全相同的叶子，自然人越多人心就越难测，所以在自己的关系网中必须要分清，哪些人给自己带来的是正能量，是可交的真正朋友；而哪些人给自己带来的是负能量，是不可交的人。

　　当然，除了正负两种之外，我们的人脉圈还有一种人不会给自己带来什么益处，但也不会害自己，这种人在关系网中只是起到信息联通的作用，不用太近，也不能太远。像曹操被庞统的名气所蒙，完全忘记了去分辨。我们的关系网中也有这样的人，你以为他的名声在外，一定会成为你生活事业上的助力，主观臆断早已经占据了你的理智，没有了分辨能力。

　　在人脉圈中，那些有关正能量的人，就像汽油，会成为你的动力；而那些有着负能量的人，往往像汽车安全囊，虽然表面看起来安全，用时就表示危机来了，可能你一个不小心，就会伤到自己。

　　李梅年轻时最喜欢的就是交朋友，她就曾经遇到一个像口香糖一样的负能量朋友，黏上他就会出现这样那样的麻烦，而他遇上麻烦也会过来黏着李梅。

　　李梅与她相识还是李梅主动抛出的橄榄枝，因为他是与李梅所在公司有着直接业务往来的人，李梅想她也许会对自己的事业有帮助，于是主动与她搭讪，交换名片。

　　可是，她自从与李梅熟悉后，就真的不拿李梅当外人了。除了隔三岔五来李梅家蹭吃蹭喝之外，她还总是制造各种各样的理由向李梅借钱，在李梅的生活中没有起到过一丁点积极作用。在与那位朋友斗智斗勇的过程中，李梅天天满是负能量，也没有心思工作，觉得生活中处处是麻烦。

　　后来，李梅在与父亲吃饭时提到了这位朋友，父亲说："你觉得她这样还是你的朋友吗？对待这种朋友你如果没有应对的能力，就要去筛选掉她……"

父亲的一席化点醒了李梅，她委婉地拒绝了那位朋友的一些无理要求，心情也变得好多了，工作也变得顺利了。

我们扩展关系网的主要目的就是让生活工作变得更加便利，找到自己可以依靠并改变自己命运的人。但是关系网很复杂，人与人之间的关联也很微妙，所以我们必须要练就一双火眼金睛，识别关系网中那些带来正能量或者负能量的人；同样也要学到孙悟空的好本领，去将正能量留住，将负能量委婉地拒之门外。

那么怎样识别那些带给我们负能量的人呢？将关系网整理一下，你会发现，有些人号称是你的朋友、哥们儿、姐们儿，或者你的三姑六舅母等，可是他们对于你从来就只有索取，没有帮助。最重要的是，你以为他们是可以帮助到你的人，可是他们跟你除了往来之外，并没有对你起到任何作用，有时还会摆你一道。

其实，这些人往往都有一层保护装，他们或者有着高身份，或者有着四通八达的能力，或者有着雄厚的经济实力，当你与他们建立关系网后，你就会像曹操一样，以为得到了"凤雏"这样的大人物，却不知庞统之心并不在你，更不知庞统之心意在害你。

交友须谨慎，人脉圈也要定期整理，不要总以为广撒网就可以逮大鱼，任何一个广撒的网都是特制的，只允许大鱼留在网里，而你恰恰会忽略的就是这个筛选的过程。当然，正能量的人脉圈能助你达到更高的价值，负能量的人脉也可以给你一个"吃一堑，长一智"的机会。

如果你想要平步青云，就先看看自己脚下的土地是否可以为你助力，你选择了什么样的朋友，你必将就会有一个什么样的路。你现在是谁不重要，重要的是你在与谁一路前行。

放开眼孔观书，抖起脊梁立行